世界编织 8　目录

C O N T E N T S

作品索引……3

“设得兰群岛蕾丝”花样　绝美上衣和令人难忘的披肩……4

1　小花花样七分袖套头衫……4

2　小花花样大号披肩……5

3　宽松款粗线蕾丝毛衣……6

4　原色蕾丝披肩……7

5　菱形花样混色三角形披肩……8

6　菱形花样V领背心……9

7　花样蕾丝组合套头衫……10

8　半圆形古典披肩……11

冬季耀眼的多彩编织……12

9　传统花样圆育克套头衫……12

10　拼布风连肩短袖套头衫……13

11　拼布风短袖套头衫……14

12　糖果色条纹开衫……15

用段染线展现外套的魔法色彩……16

13　超级粗段染线休闲大衣……16

14　收腰款古典风开衫……17

15　等针直编的条纹开衫……18

16　民族风段染线开衫……19

初学者的阿富汗针编织……20

17　阿富汗针编织的正方形披风……20

阿富汗针编织基础教程 I……21

18　花样组合的阿富汗针大开衫……22

阿富汗针编织基础教程 II……23

编织秋色绝品服装……24

19　拼布风长毛绒开衫……24

20 菱形花样高领短袖套头衫……25
21 毛茸茸的手提包……26
22 秋日的梯形披肩……26
23 意大利花式毛线绒球帽……27
24 个性花式毛线开衫……27
人气设计师的魅力服装……28
25 灰色条纹百搭开衫……28
26 随风飘曳的锯齿花样开衫……29

27 连续圆环花样套头衫……30
28 新颖花样的帽子和开衫……31
29 设计师的渐变色条纹套头衫……32
30 变化的绕线编开衫……33
31 下开衩阿兰花样外套……34
32 浮雕般花样套头衫……35
33 超级粗线短围巾……36
34 超级粗线带袖披肩……37
本书使用线材一览……38
作品的编织方法……41

作品索引

4 5 6 7 8
9 10 11 12 13 14
15 16 17 18 19 20
22 24 25 26 26 27
27 28 29 30 31 32
33 34 35 36 36 37

『设得兰群岛蕾丝』花样 绝美上衣和令人难忘的披肩

使用便于编织的粗线编织了令人向往的花样。这是无须多想就能穿出门的成人蕾丝特辑。

1 小花花样七分袖套头衫

排列着八瓣的小花花样十分可爱，七分袖套头衫更显轻盈。由于使用粗针编织，针数之少，令人开心。

设计/风工房
使用线/芭贝
编织方法/41页

2 小花花样大号披肩

与套头衫使用相同花样编织了大号的披肩，在寒冷的季节是令人放心的伙伴。两侧的锯齿花样是同时编织的，编织至编织终点即完成。

设计/风工房
使用线/芭贝
编织方法/42页

3 宽松款粗线蕾丝毛衣

极粗的蓬松毛线与蕾丝搭配在一起，等针直编出了宽松的轮廓。衣领是立领与后开襟的设计，使用两颗纽扣系住。

设计 / 河合真弓
制作 / 石川君枝
使用线 / Ski
编织方法 /43 页

4 原色蕾丝披肩

原色毛线与蕾丝花样是最强搭档。花样清晰且极具存在感，犹如使用毛线编织出来的首饰一般。编织方法简单且使用方便，是一款围巾宽度的披肩。

设计/河合真弓
制作/冲田喜美子
使用线/ Ski
编织方法/45页

5 菱形花样混色三角形披肩

可以随着身体呈现出漂亮的线条，是一条令人自豪的三角形披肩。素雅的混色如同秋色的渐变很是迷人。与第9页的背心是同款的菱形花样。

设计 / 冈本启子
制作 / 土谷美由起
使用线 / 内藤商事
编织方法 /49 页

6 菱形花样V领背心

这是在菱形花样中盛开着四朵小花的蕾丝花样。利用加针在袖口制作出有韵律的线条，并且是与身片接连在一起编织出来的。另外还设计了百搭的V领。

设计/冈本启子
制作/泽田美纪
使用线/内藤商事
编织方法/46页

7 花样蕾丝组合套头衫

横向编织的下摆与袖口是整件衣服的亮点。这款套头衫，将多种蕾丝花样组合在一起，犹如涌来涌去的波涛，奏出美妙的旋律。

设计 / 岸 睦子
使用线 / 内藤商事
编织方法 /51 页

8 半圆形古典披肩

半圆形披肩的古典氛围，不禁令少女之心蠢蠢欲动。段染线中带有紫色的底色线，柔美的条纹惹人注目。

设计/岸 睦子
制作/志村真子
使用线/内藤商事
编织方法/53页

冬季耀眼的多彩编织

9 传统花样圆育克套头衫

每年都重新编织一件传统的编织作品，不失为一种乐趣。该作品轮廓紧致的圆育克独具风格，令身心都暖烘烘的，并且选择了大地色的配色。

设计/武藤比富
制作/中村睦子
使用线/内藤商事
编织方法/55页

10 拼布风连肩短袖套头衫

将三种花样如拼布一般组合在一起。如果使用段染线编织，即便是同样的花样，感觉也会有细微的变化，可谓是表现力丰富。拼布风部分按照纵向分为三列进行编织，之后再连接在一起。

设计/武藤比富
制作/中村睦子
使用线/内藤商事
编织方法/ 57页

11 拼布风短袖套头衫

如同拼布中的木小屋花样，通过起针与挑针编织出一个个区块，再一圈圈地编织出来。这个设计，可以充分地体验到渐变线的色彩变化带来的乐趣。

设计 / 武藤比富
制作 / 长谷川千代子
使用线 / 内藤商事
编织方法 /59 页

12糖果色条纹开衫

只需编织下针，就能出现糖果色的条纹花样，是一种十分讨人欢心的毛线。毫不费力就能编织出犹如漂亮的配色花样的款式，真如魔法一般。

设计 / 相马佳苗
制作 / 上釜英子
使用线 / 内藤商事
编织方法 /60 页

用段染线展现外套的魔法色彩

只需不断编织就能呈现出犹如计算好了的渐变效果。让我们将美丽的色彩穿在身上吧。

13 超级粗段染线休闲大衣

竹节花式纱线的质感十分有趣，这是一款超级粗的线。使用 10mm 的棒针，刷刷刷地等针直编就能完成。

设计／风工房
使用线／内藤商事
编织方法/61页

14 收腰款古典风开衫

长针的格子花样与段染线十分搭配，编织出了苏格兰花呢线的感觉。收腰的设计、古典的轮廓，漂亮无比。

设计／冈本真希子
制作／大石菜穗子
使用线／内藤商事
编织方法／62页

15 等针直编的条纹开衫

整齐排列在一起的条纹花样，也可以通过段染线来实现。等针直编出简约的轮廓，只需要在编织花样上努力一下就好！

设计／河合真弓
制作／松本良子
使用线／内藤商事
编织方法／68页

16 民族风段染线开衫

即便是相同的线材，由于花样变化了，颜色出现的方式也会呈现出非常有趣的变化。再将编织花片连接在一起，就能体验到更加复杂的配色所带来的不同感觉。

设计／岸 睦子
使用线／内藤商事
编织方法/69页

厚厚的织片，复古可爱
初学者的阿富汗针编织

17 阿富汗针编织的正方形披风

第一次尝试阿富汗针编织的话，可先编织出正方形尝试一下，再一点一点地缝合在一起，连接上流苏之后，就完成啦！

设计/今泉史子
使用线/内藤商事
编织方法/75页

阿富汗针编织基础教程 I

没有加针、减针，等针直编成正方形。可直接编织出漂亮的边缘，所以没有必要做边缘编织。只要记住缝合的方法，什么都能完成。

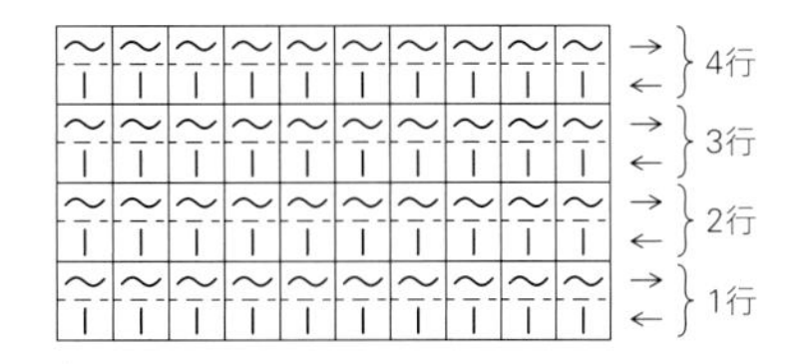

平针（下针）的阿富汗针编织的方法

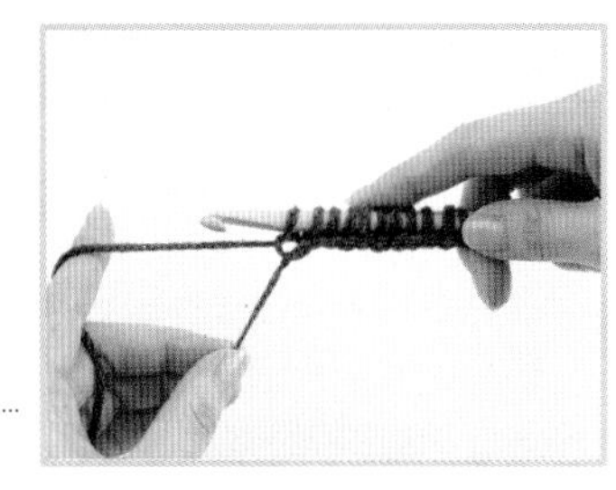

编织『往路』的针目时的阿富汗针的拿法

第 1 行的往路（去的行）

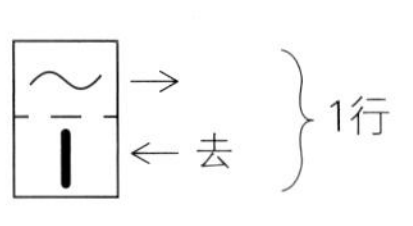

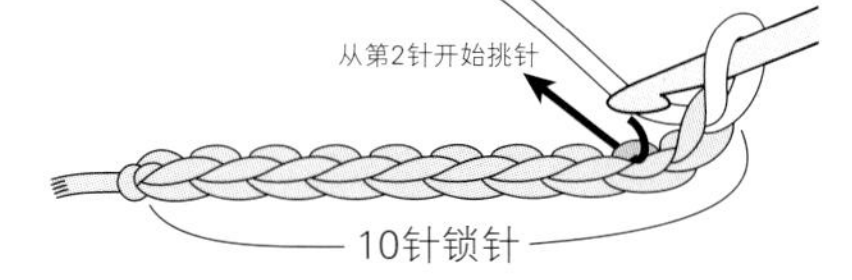

1 跳过第 1 针锁针，从第 2 针开始挑针。

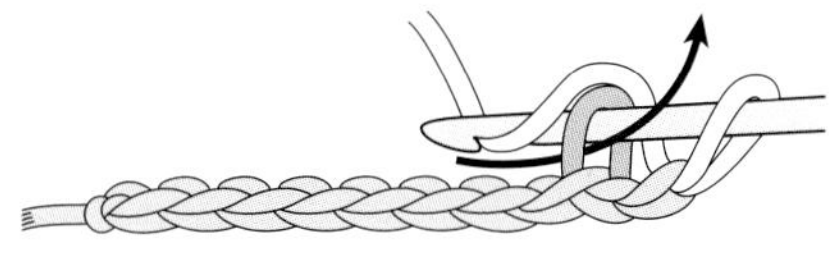

2 挂线后拉出，逐一将针目挂在针上。

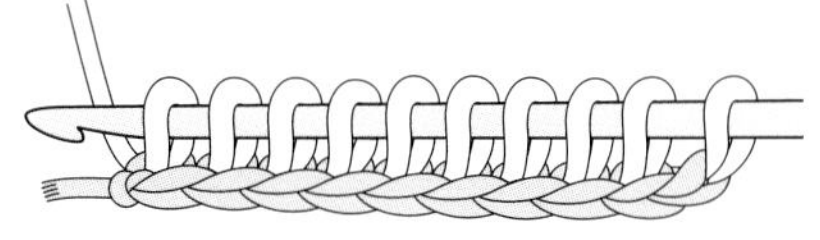

3 第 1 行，往路的行编织完成。

第 1 行的复路（回的行）

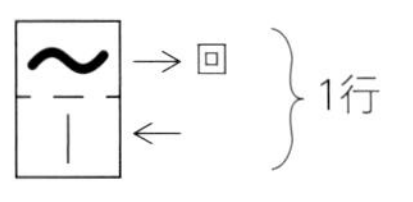

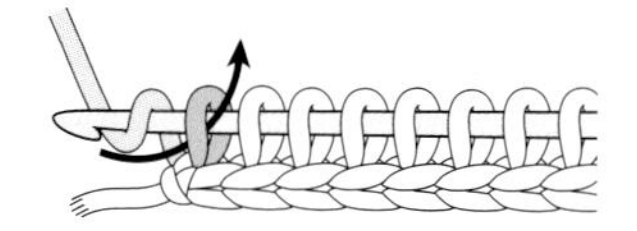

4 在针上挂线，从边上的第 1 个线圈中引拔。

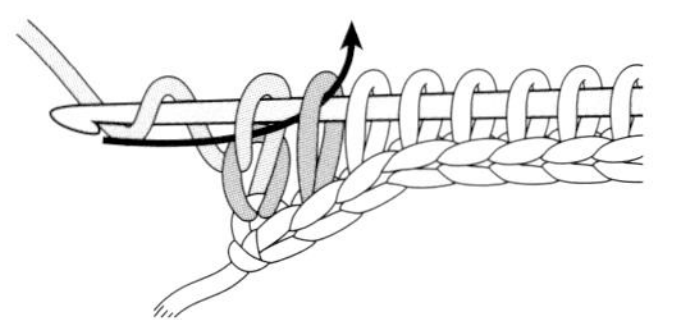

5 接下来，在针上挂线，按照箭头的方向，从针上的 2 个线圈中引拔。

编织『复路』的针目时，像拿钩针一样拿着阿富汗针。

第 2 行的往路

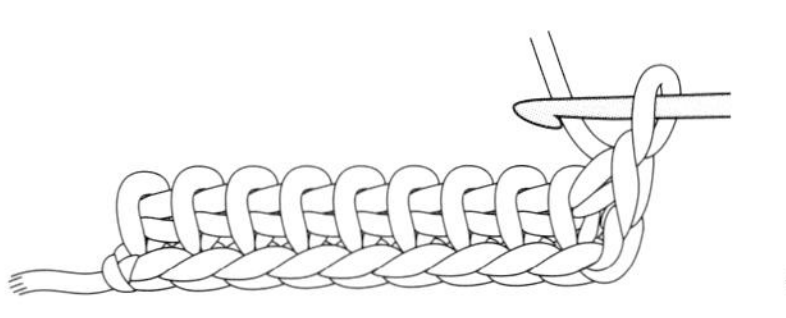

6 第 1 行编织完成。

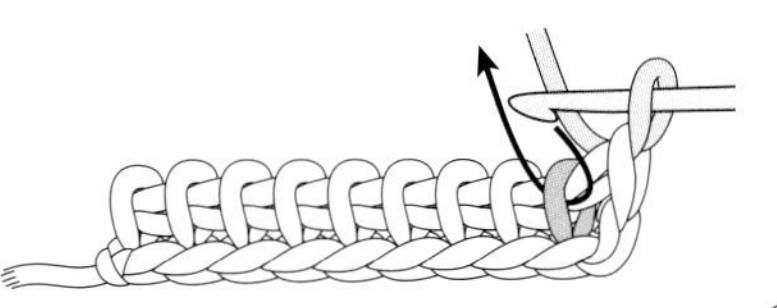

7 挂在针上的针目即为第 2 行的第 1 针。按照箭头方向，将针插入第 2 针的纵向针目中，挂线后拉出。

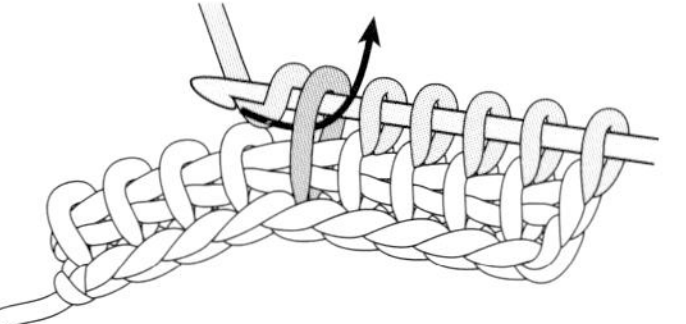

8 从 1 针中挑出 1 针。

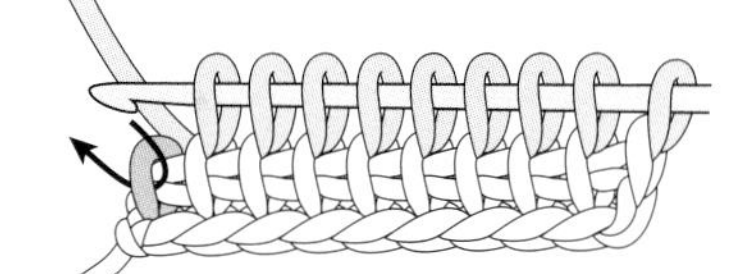

9 最后在左端，也挑取纵向针目的 1 根线。按照同样的方法继续编织。

引拔针

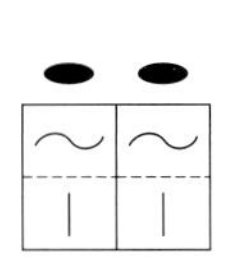

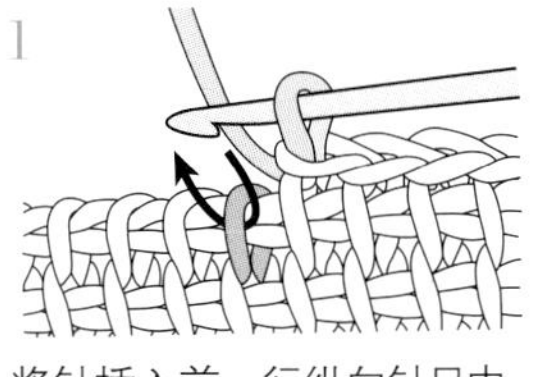

1 将针插入前一行纵向针目中。

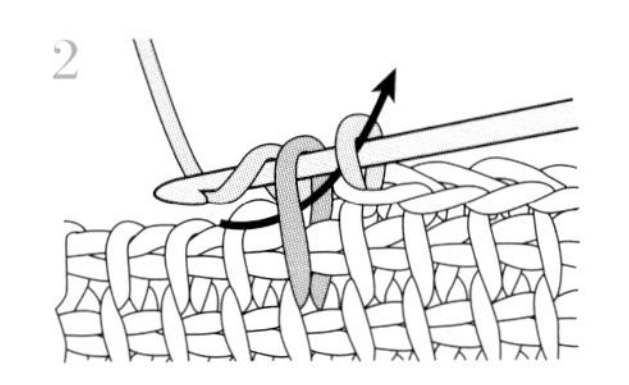

2 挂线，从挂在针上的 2 个线圈中引拔出。

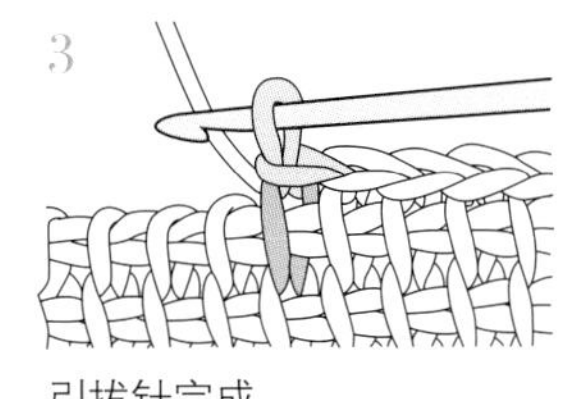

3 引拔针完成。

钩织引拔针至边上的样子。

针对针的挑针缝合

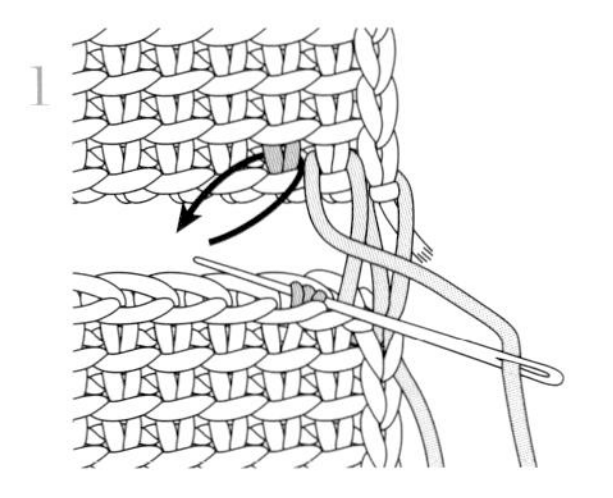

1 将织片正面朝上，对齐后，将起针的锁针之间连接在一起后，再缝合。左端，挑取 1 针内侧的复路的 2 根线。

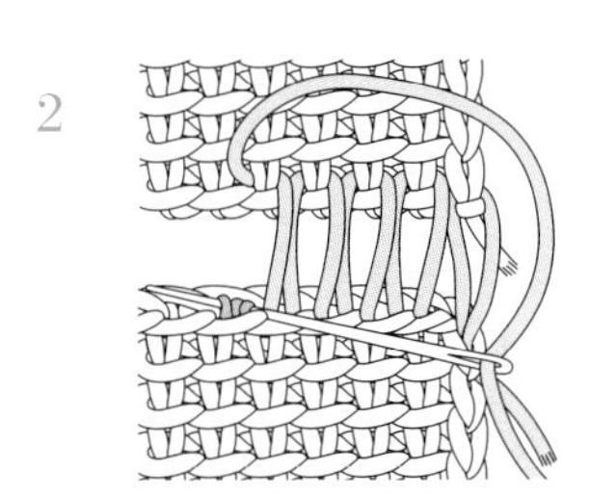

2 织片的右端，在针目的 1 根线和复路的锁针的 2 根线处入针，从下一行的回的针目中出针。

可以将织片缝合成犹如连续编织的样子。

缝合时每次都将线拉至看不见为止。

18 花样组合的阿富汗针大开衫

身片是平针的阿富汗针编织，前门襟、下摆、袖口是桂花针花样。将两种花样组合在一起，设计的空间更大。

设计／今泉史子
使用线／内藤商事
编织方法／71页

阿富汗针编织基础教程 Ⅱ

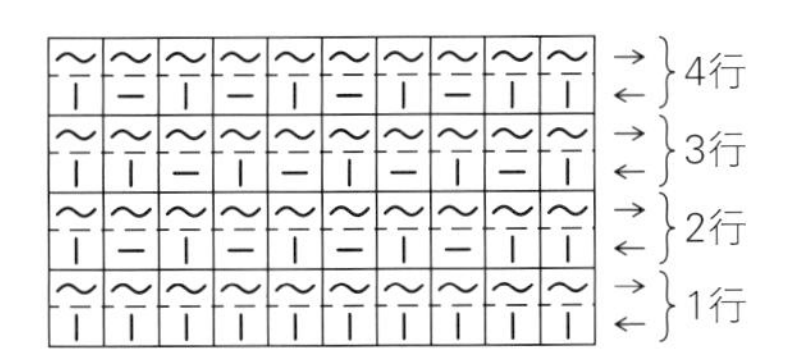

桂花针的阿富汗针的编织方法

第 2 行的往路（去的行）

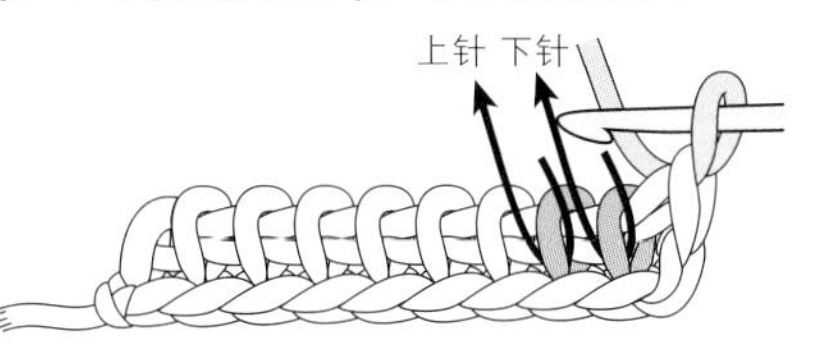

1　第 2 行的往路，交替编织下针和上针。

2　第 3 针是上针。将线留在织片前，将针插入纵向的针目中。

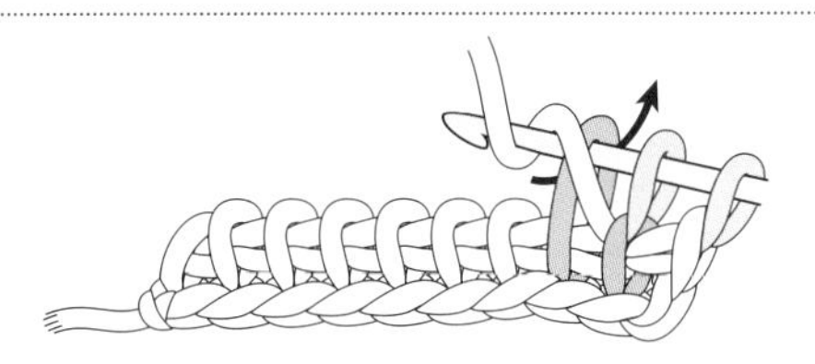

3　挂线后按照箭头的方向，向后拉出。

第 2 行的复路（回的行）

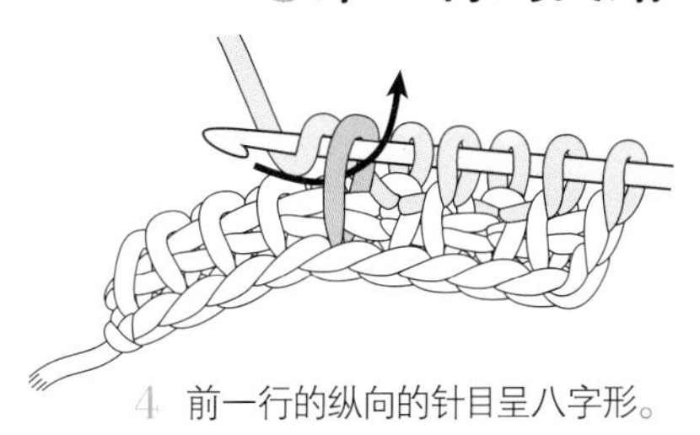

4　前一行的纵向的针目呈八字形。

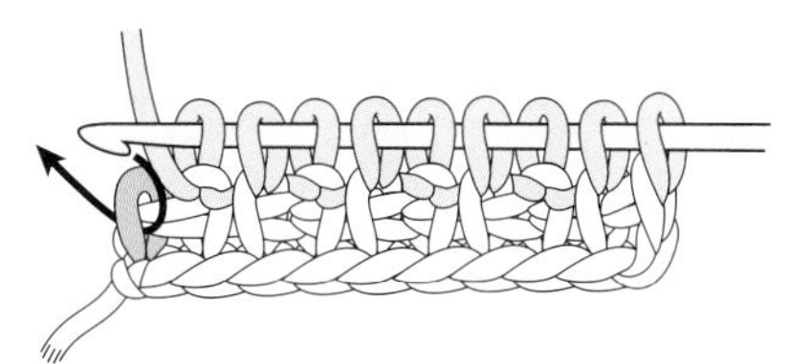

5　按照花样，编织至左端。

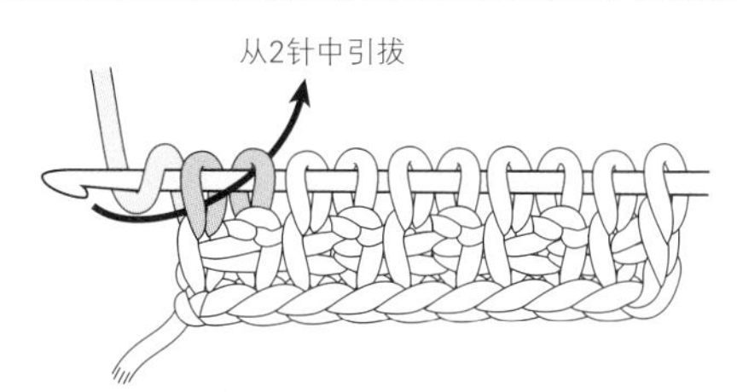

6　在针上挂线，从边上的 2 针中引拔。

第 3 行的往路

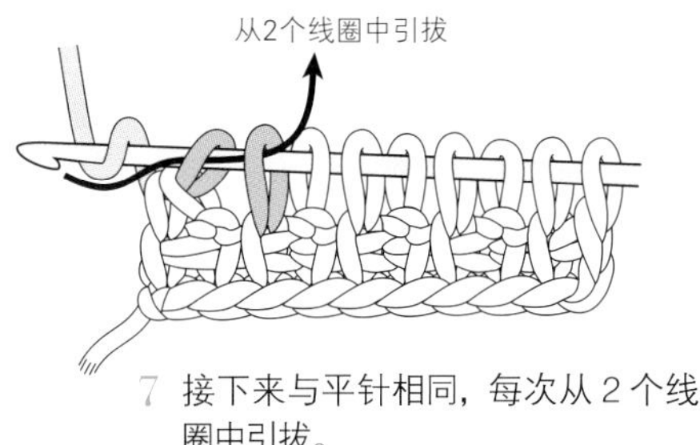

7　接下来与平针相同，每次从 2 个线圈中引拔。

8　在前一行的下针上编织上针、上针上编织下针。左端每次挑 1 根线，最后两针都编织下针。

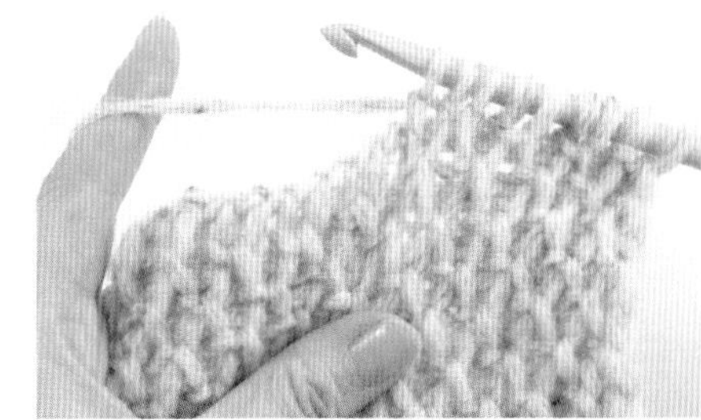

桂花针的阿富汗针编织的织片。

在左端换线的条纹花样的编织方法

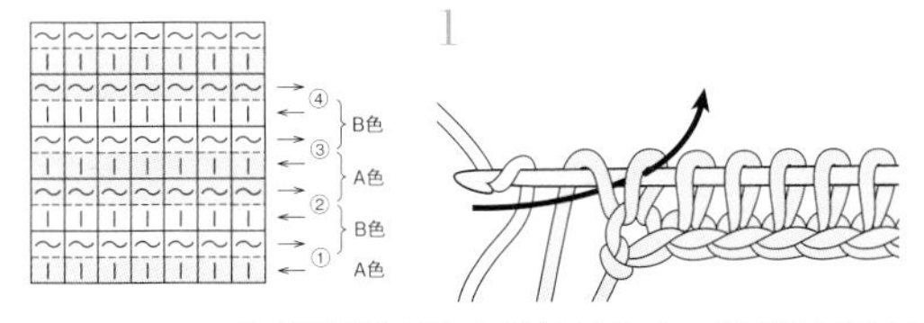

往路编织至边上的针目为止。编织过来的线，由前向后挂线后休线备用，将配色线挂到针上，按照箭头的方向钩织回的针目。直接编织回的针目和下一行去的针目。

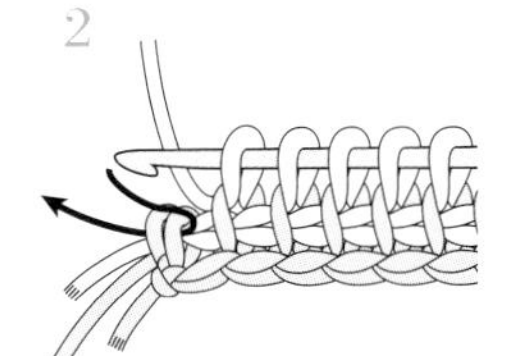

在下一行去的针目的左端，与挂在针上的线一起挑取 2 根线，编织边上的针目。

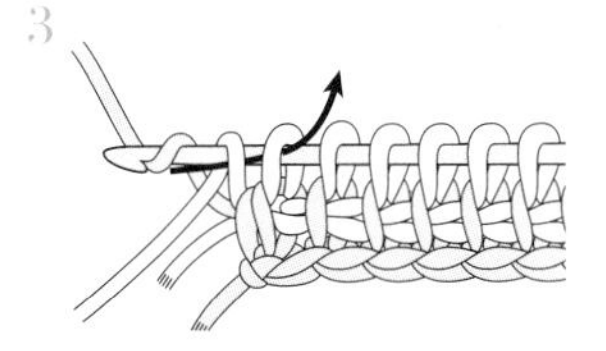

与前一行相同，将编织过来的线挂在针上，换线后编织回的针目。

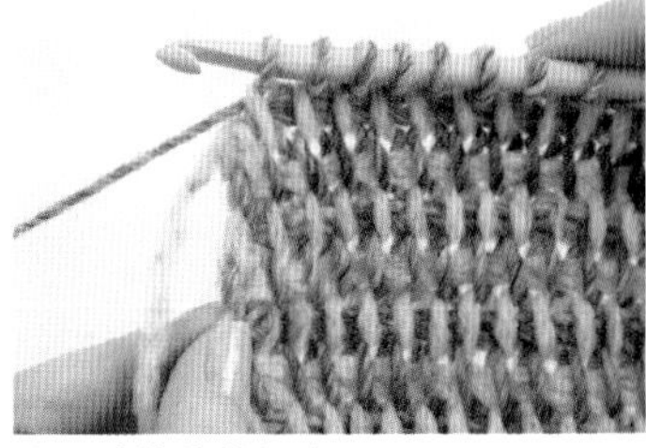

在左端换线的织片。

行对行的挑针缝合

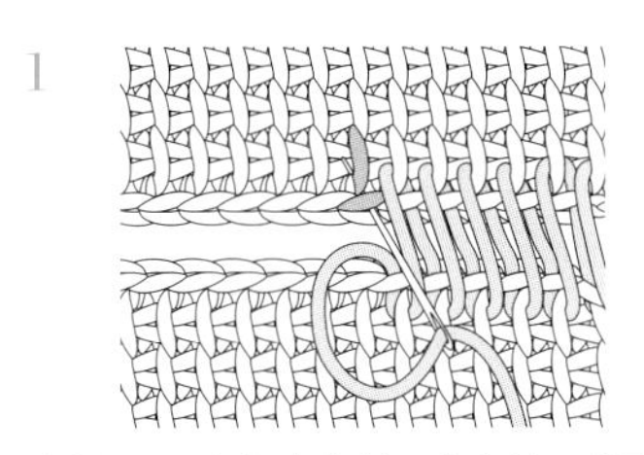

1　在较近织片右端的针目中出针，挑取较远织片纵向的针目，将边上的针目连接在一起。较远织片挑取引拔收针的内侧 1 根线和纵向的针目。

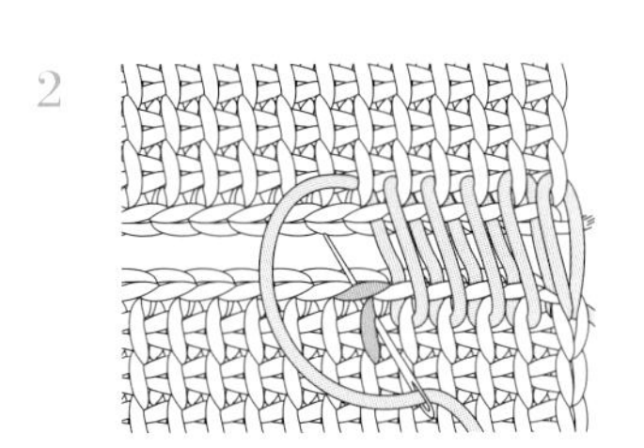

2　较近织片挑取纵向针目和引拔针的内侧 1 根线。重复以上步骤。

引拔针的针目将变得看不到，看起来就像是连续编织一般。

缝合时每次都将线拉至看不见为止。

编织秋色绝品服装

选择特色线材

19 拼布风长毛绒开衫

选择了 3 种颜色的长毛绒线，组合了下针编织和上针编织的方块。衣领以及边缘的起伏针的配色也很有讲究。

设计/冈本启子
制作/中川好子
使用线/ Ski
编织方法/73页

20 菱形花样高领短袖套头衫

如流水一般的菱形花样，一直延伸到高领上。很有深蕴的配色及适度的光泽，带来了典雅的感觉。

设计 / 冈本启子
制作 / 野吕顺子
使用线 / Ski
编织方法 /76 页

21 毛茸茸的手提包

使用蓬蓬松松的线钩织短针的圆环针，编织出了动物皮毛感觉的手提包。使用2根线并为一股，作品的密度将更大、更有质感！

设计/森 静代
使用线/ Ski
编织方法/77页

22 秋日的梯形披肩

使用质地轻柔的苏格兰花呢类型的毛线，编织出了渐进的阶梯状的梯形披肩。快人一步将秋天的色彩装饰到身上吧。

设计/冈本启子
制作/丸谷市枝
使用线/ Ski
编织方法/78页

23 意大利花式毛线绒球帽

使用花式毛线编织的小绒球特别可爱！这款帽子是使用极具魅力、极为蓬松的意大利毛线编织而成的。

设计/冈本启子
制作/宫崎满子
使用线/ Ski
编织方法/58页

24 个性花式毛线开衫

无须装饰的圆环编织，随机出现的白色线环是这款线材的独到之处。衣领还可以取下来单独使用。

设计/森 静代
使用线/ Ski
编织方法/79页

想要编织的欲望，愈发强烈
人气设计师的魅力服装

人气设计师们的新鲜创意，不断地刺激着编织之心，即将向大家呈现三位设计师各具独特魅力的编织新作。

25 灰色条纹百搭开衫

沉稳的深、浅灰色的条纹，可谓是百搭的一款。长针的拉针，创造出了钩针编织独特的阴影效果。

设计／兵头良之子
制作／YUKE
使用线／芭贝
编织方法／80页

26

随风飘曳的锯齿花样开衫

胸部以下的锯齿花样，在秋风中摇摇曳曳。编织方法是非常简单的等针直编，但由于有斜肩，肩部的线条非常漂亮。

设计／兵头良之子　制作／土桥满英

使用线／芭贝

编织方法／86页

27 连续圆环花样套头衫

如此精巧的花样，是需要一去一回才能钩织出的一个个连续的环形。使用的是名为『绘画馆』的色彩美丽的渐变线。

设计／柴田 淳
使用线／芭贝
编织方法／97页

28

新颖花样的帽子和开衫

这款排列着新颖花样的套装，不断骚动着想要编织的心。是从帽子开始编织，还是从开衫开始呢？

设计／兵头良之子　制作／饭田奈津子
使用线／芭贝
编织方法／89页

29 设计师的渐变色条纹套头衫

狂热的设计，加上渐变色毛线的微妙之处，使这款毛衫拥有了绝对强烈的存在感，焦点锁定！

设计／柴田 淳
使用线／芭贝
编织方法／94页

30 变化的绕线编开衫

线材由羊毛、马海毛、真丝纺成，使这件开衫拥有颇具魅力的高贵光泽。由绕线编衍生而来的花样，其复杂的交叉很是引人入胜。

设计／柴田 淳
使用线／芭贝
编织方法/99页

31 下开衩阿兰花样外套

编织爱好者们，对于阿兰花样外套的爱，可谓从未停歇，在基础款的外形之上，加入开衩的设计，穿起来行动将更加方便。

设计／志田瞳　制作／草川澄子
使用线／芭贝
编织方法／107页

32 浮雕般花样套头衫

这款套头衫拥有如浮雕一般的精美花样。是值得在秋季的漫漫长夜，多花些时间，仔细编织完成的一款。

设计／志田瞳　制作／牧野惠子

使用线／芭贝

编织方法／103页

33 超级粗线短围巾

在短款围巾的编织起点和编织终点处穿上塑形线，将成为好戴又可爱的装饰。

设计 / 若月纪美子
使用线 /Extri
编织方法 /106 页

刷刷刷就编织完成 这就是超级粗线的魅力

令人印象深刻的大大的针目，极具魅力。线材中加入了羊驼毛，手感超群！流行的超级粗线，在今年冬季也是备受瞩目的线材。

色彩变化
Color Variations

34 超级粗线带袖披肩

起 18 针后，只需等针直编，最后再缝合即可。主体是下针编织，前门襟是单罗纹针。

设计 / 若月纪美子
使用线 / Extri
编织方法 /106 页

本书使用线材一览

＊图片为实物大小

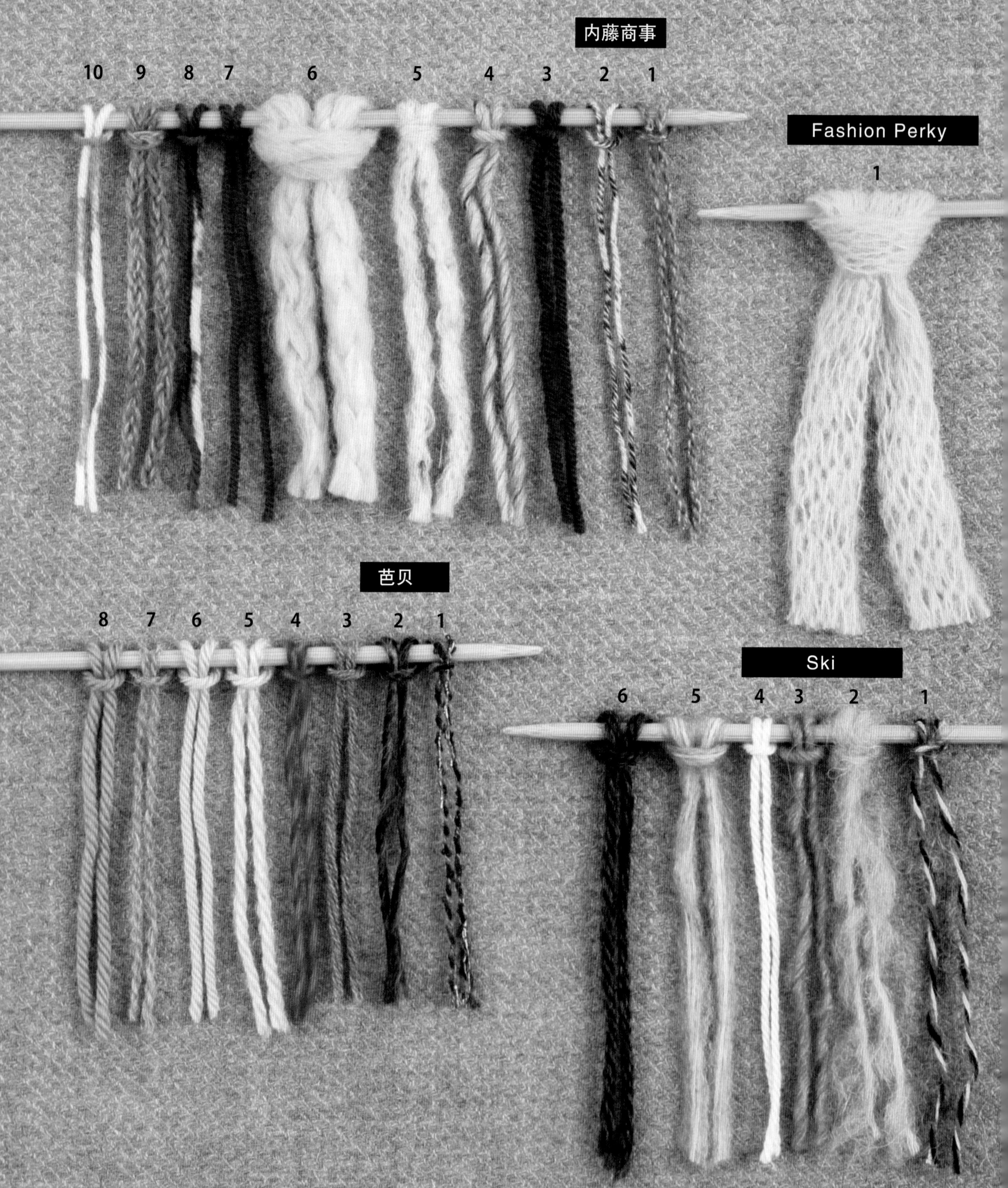

钩针编织的新世界
奇妙的钩针编织 2

奇妙的
阿富汗针编织
Tunisian
Crochet

河南科学技术出版社
精品图书推荐

人气品牌包包钩编1
BEYOND
THE
REEF的
包包世界

增订版
Knitting Patterns Book
志田瞳
经典棒针编织花样
250

志田瞳
毛衫编织

志田瞳
四季花样毛衫编织
2

志田瞳
四季花样毛衫编织
3

志田瞳
四季花样毛衫编织
4

编织尺寸调整
制图与推算基础教程
Adjustment
Drawing
Dividing of
Knit&Crochet

杉山 朋的
手编小物
BEST SELECTION

marché
编织花园
10 周年纪念版
传统的阿兰花样

河南科学技术出版社
精品图书推荐

从小型犬装到大型犬装
用合适的尺寸制作出来
宠物狗服装和小饰品
26 款时尚舒适的服装和小饰品

四季婴幼儿
毛衫编织
0~24
months

Baby Crochet for All Season
可爱的
四季宝贝服饰钩织
从零开始学钩织
新手妈妈
也可轻松完成
0～24个月宝贝的
衣物及玩具

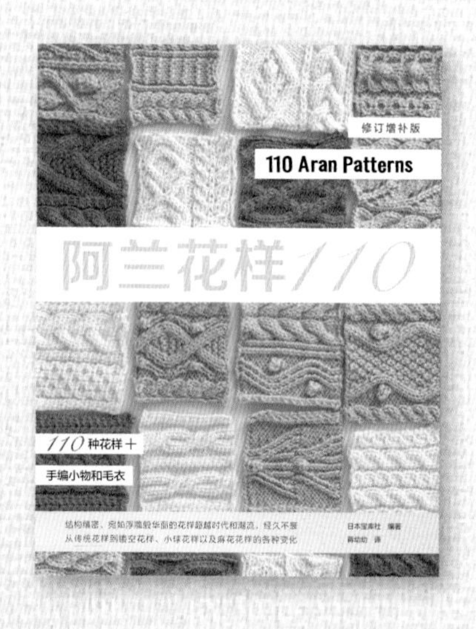
修订增补版
110 Aran Patterns
阿兰花样110
110种花样十
手编小物和毛衣

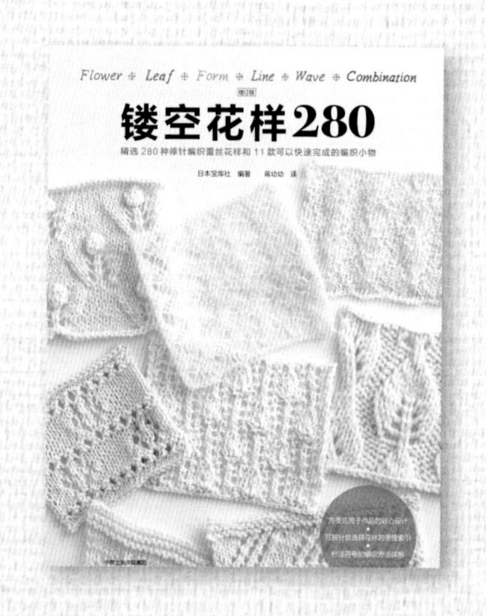
Flower Leaf Form Line Wave Combination
镂空花样280

LACY CROCHET SCARF
优雅的
蕾丝花样
围巾和披肩

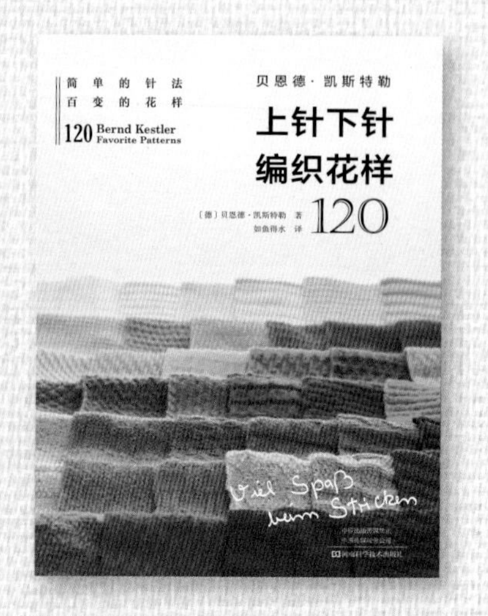
简单的针法
百变的花样
120 Bernd Kestler Favorite Patterns
贝恩德·凯斯特勒
上针下针
编织花样
120

款式丰富、花样缤纷、尺寸可调整
从领口往下编织的四季毛衫

Top-Down Sweaters
从领口向下编织的毛衫
从领口开始编织育克部分，再编织身片和衣袖
衣长和袖长可以根据实际情况调整
免去了烦琐、复杂的缝合工作

作品的编织方法

材料 芭贝 British Fine 灰青色（064）
M号/160g/7团，L号/185g/8团

工具 棒针6号、7号

成品尺寸
M号 / 胸围104cm，衣长51cm，连肩袖长59cm
L号 / 胸围114cm，衣长53.5cm，连肩袖长63.5cm

编织密度
10cm×10cm面积内：编织花样B 18针，31.5行

编织要点
●前、后身片 使用7号棒针手指起针，按编织花样A编织16行。由于要将起针的上针一侧作为正面，请注意编织方向。换为6号棒针，接下来按编织花样B无加、减针编织。在缝合衣袖止位的位置做记号。领窝处减针时，立起侧边1针减针。
●袖 使用7号棒针手指起针，与身片使用同样的方法编织。袖下加针时，在1针内侧扭针加针。编织终点休针备用。
●组合 肩部正面相对，使用钩针引拔接合；对齐针与行，使用毛线缝针将袖缝合到身片上。胁、袖下使用毛线缝针挑针缝合。从领窝挑取针目，衣领编织3行起伏针。编织终点从反面做伏针收针。

※ 制作图中未标明单位的尺寸均以厘米（cm）为单位

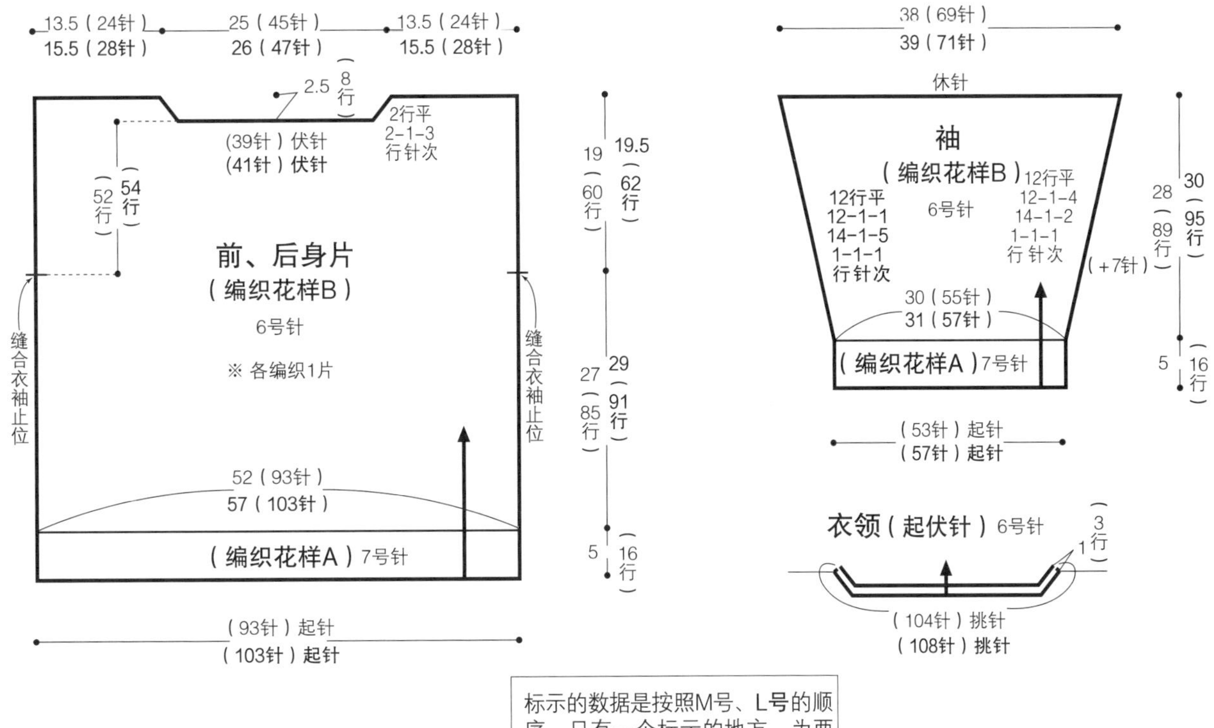

标示的数据是按照M号、L号的顺序。只有一个标示的地方，为两个尺寸通用。

起伏针（衣领）

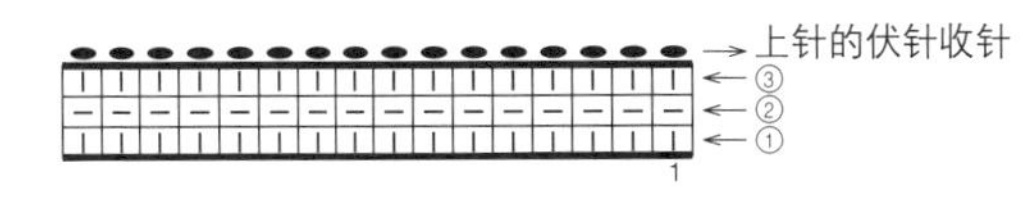

编织花样B

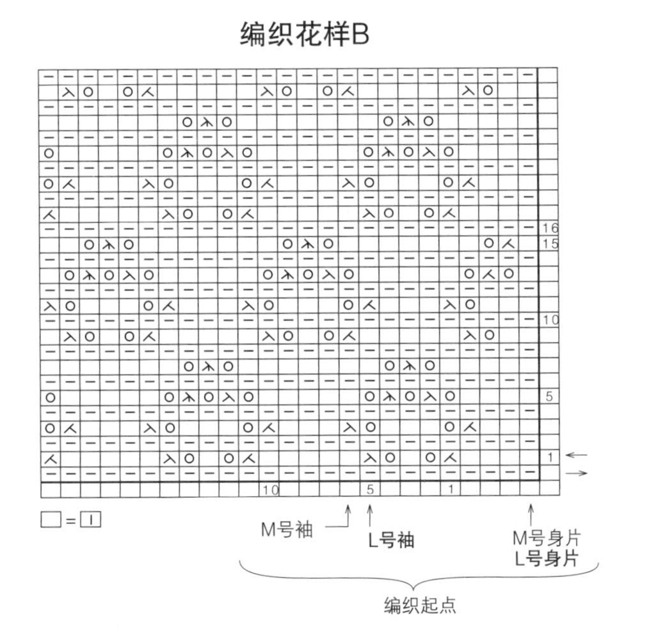

编织花样A

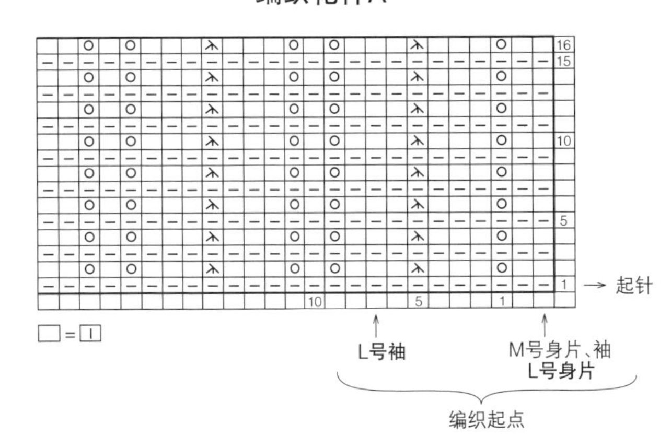

材料 芭贝 British Fine 亮灰色(010) 205g/9团

工具 棒针6号、7号

成品尺寸
宽58cm，长178cm

编织密度
10cm×10cm面积内：编织花样A、A'18针，30行；编织花样C 15.5针，30行

编织要点
手指起针，松松地起87针，参照图示，组合编织编织花样A、编织花样B、编织花样A'。编织16行后，编织花样B的针目换为编织花样C。编织完指定数量的行数后，编织终点从反面松松地做伏针收针。

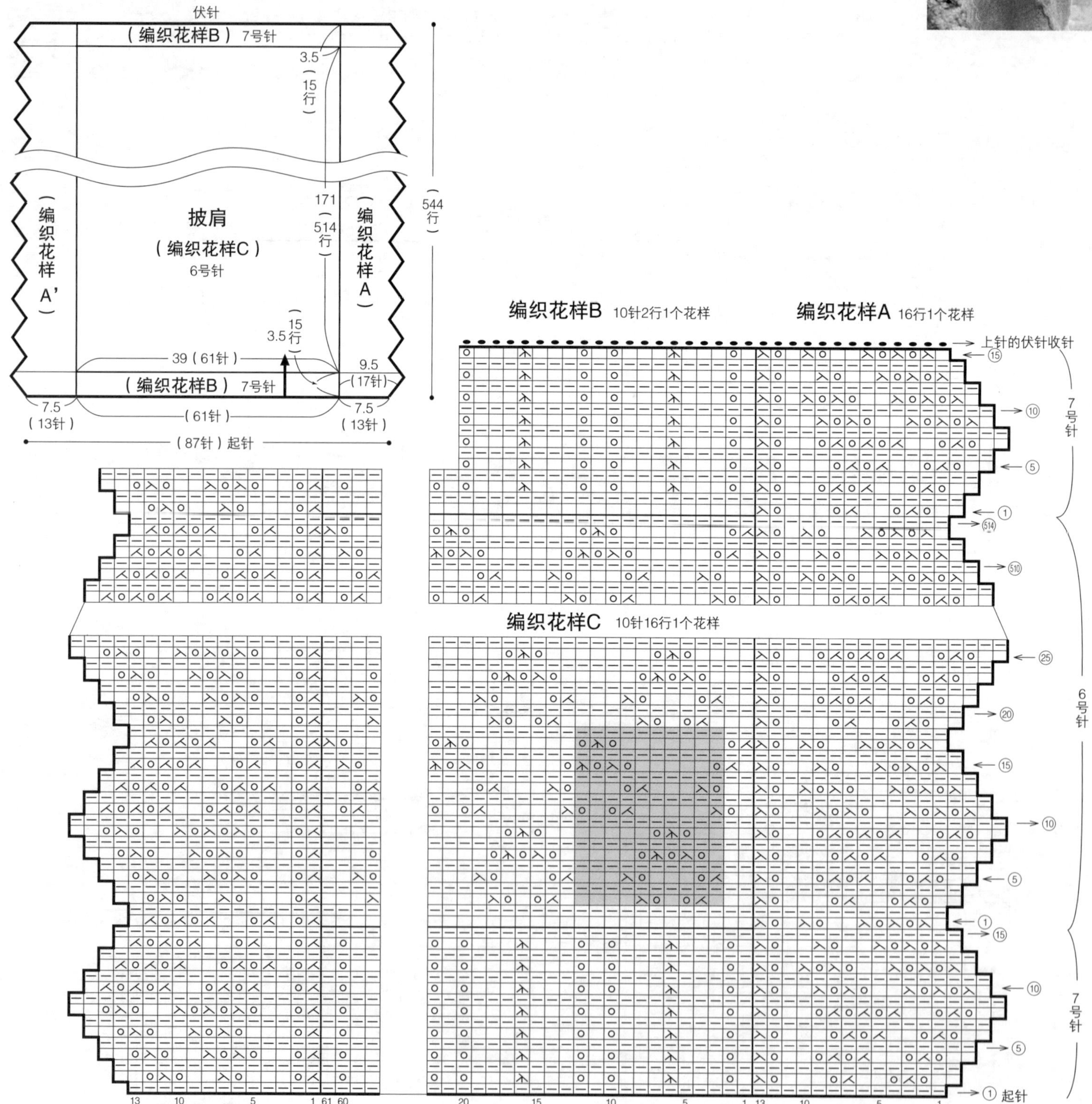

材料 Ski World Selection Vecco灰色（1307）270g/6团、直径20mm的纽扣2颗

工具
棒针15号，钩针8/0号

成品尺寸
胸围180cm，衣长46cm，连肩袖长60.5cm

编织密度
10cm×10cm面积内：编织花样11.5针，15行

编织要点
●**后身片** 手指起针，按照编织花样无加、减针编织56行。在缝合衣袖止位的位置用线做记号。中心的1针休针，两侧分别编织12行。此时，在中心一侧做1针卷针加针。编织终点全部休针备用。
●**前身片** 手指起针，按照编织花样无加、减针编织68行。肩部的针目休针，衣领开口位置做伏针收针。
●**袖** 肩部正面相对，使用钩针引拔接合。衣袖挑取针目，编织32行起伏针，编织终点做伏针收针。
●**组合** 胁、袖下使用毛线缝针挑针缝合。衣领从前、后领口上挑取针目，编织8行起伏针，编织终点做伏针收针。在后领开口钩织边缘编织。参照图示，在左后领开口的指定位置编织扣眼。在右后领开口钉上纽扣。

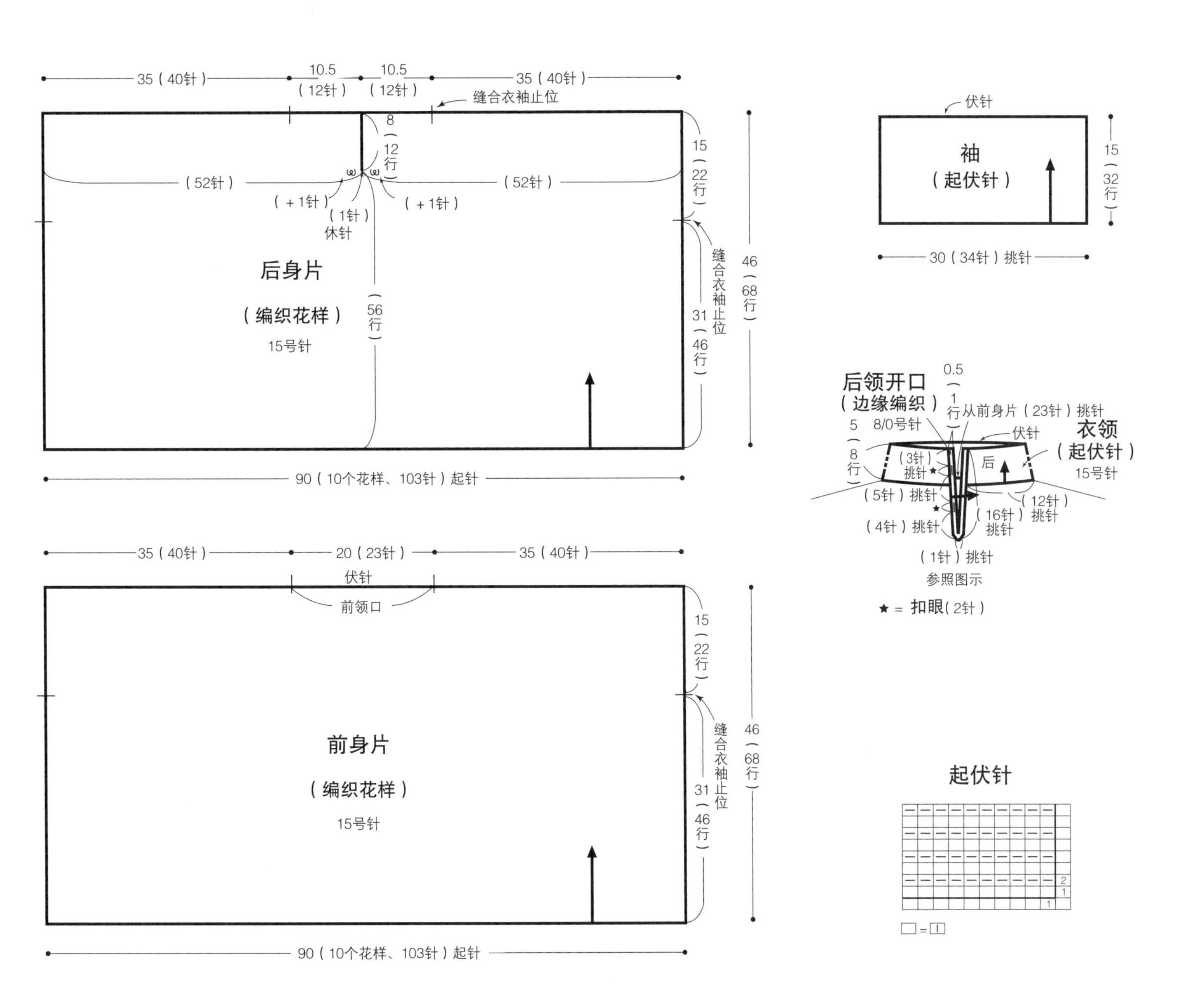

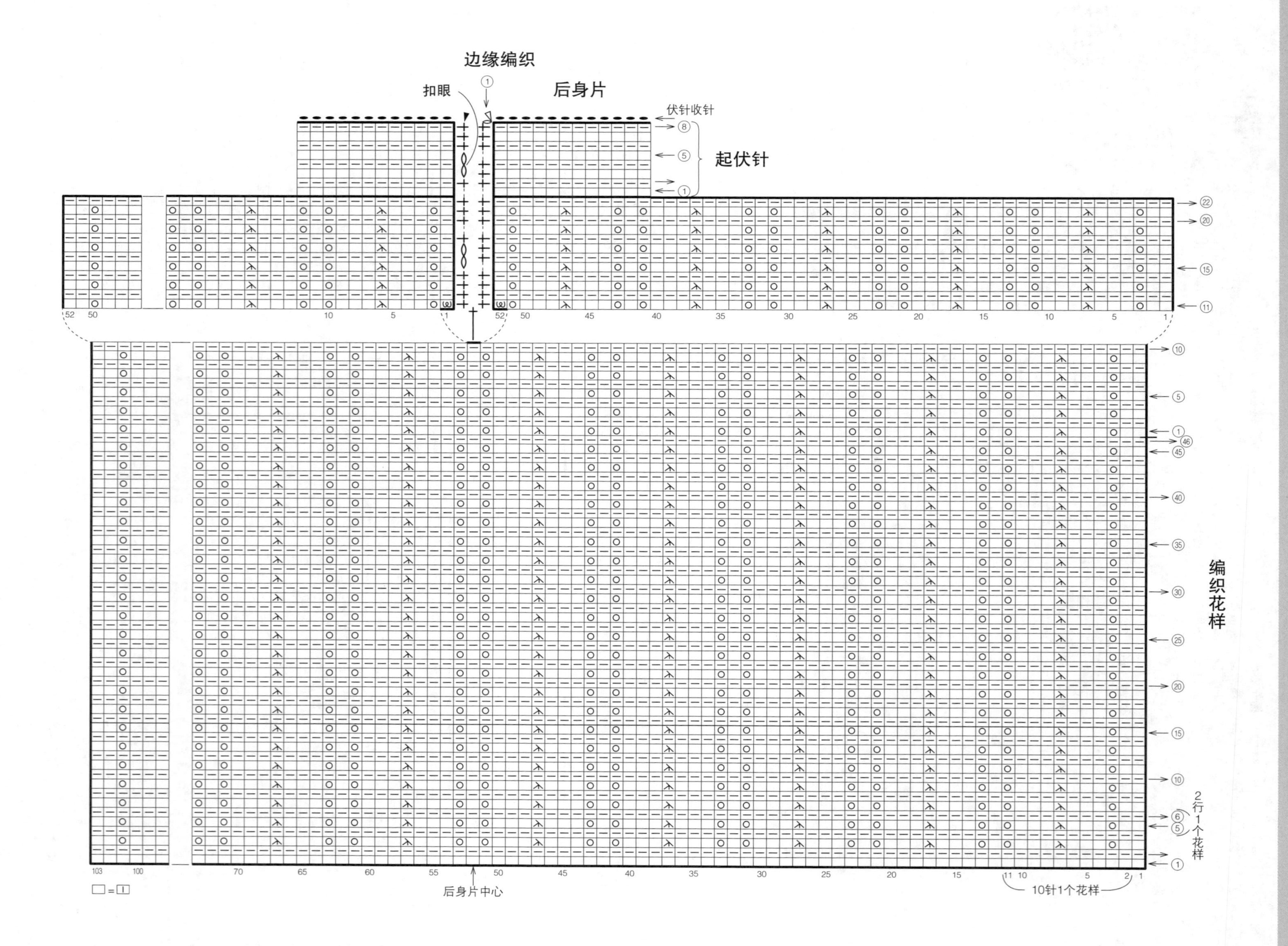

边缘编织
扣眼
后身片
伏针收针
起伏针
编织花样
2行1个花样
10针1个花样
后身片中心
□ = |

材料 Ski Merino Silk 原色（2601）125g/5团

工具 棒针4号

成品尺寸
宽26cm，长140cm

编织密度
10cm×10cm面积内：编织花样A、B均为21针，36.5行

编织要点
手指起针，起49针。参照图示，按编织花样A编织14行。两端的花样是先加3针再减3针而成。针数每次均会改变，请注意。包括边上的针目，编织2针并1针的花样。接下来按照编织花样B编织480行。最后按编织花样A编织13行，编织终点从反面做伏针收针。

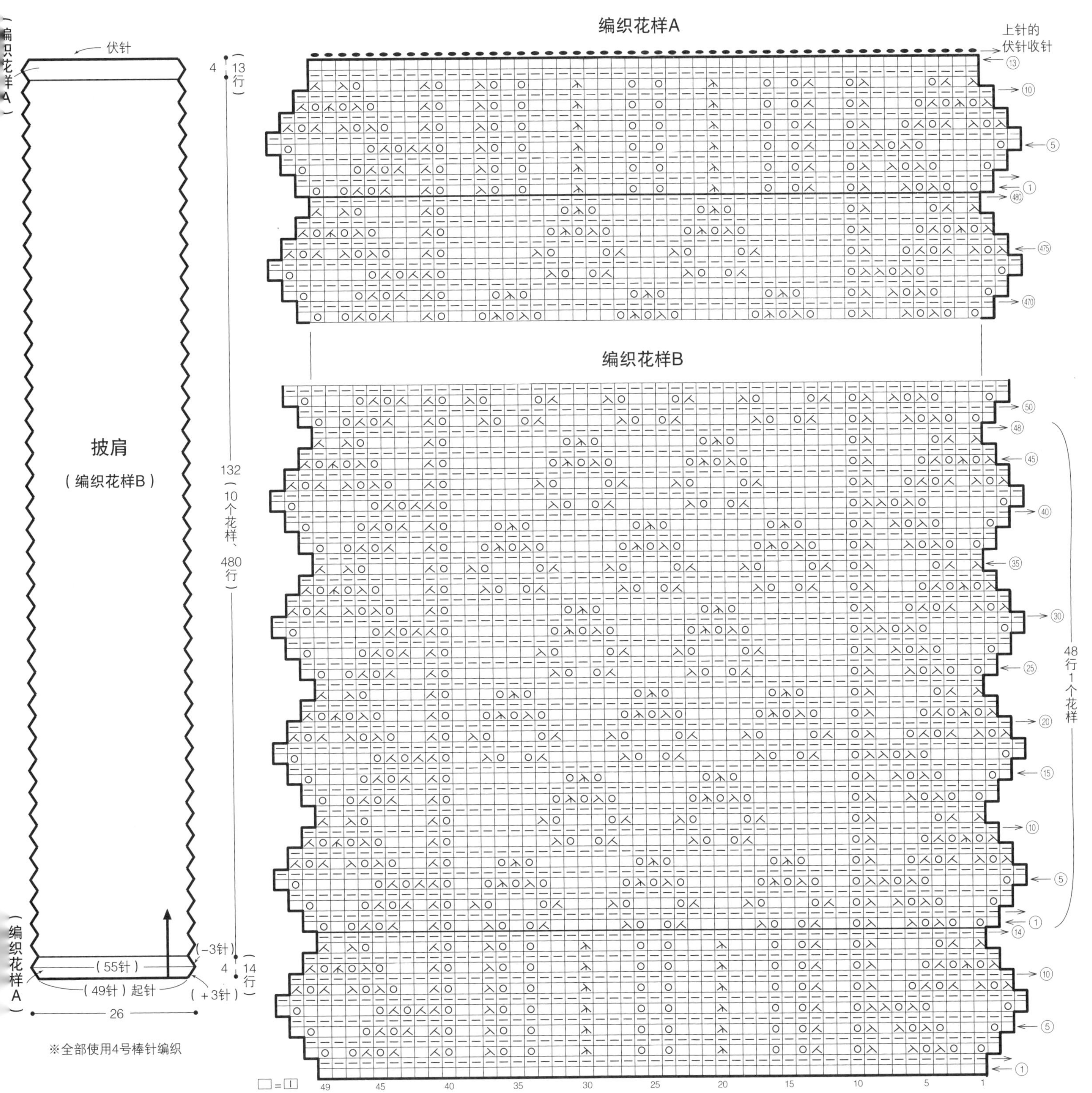

材料 内藤商事 Silk Wool 白色（1）210g/5团

工具 棒针5号

成品尺寸
胸围100cm，衣长51.5cm，连肩袖长30cm

编织密度
10cm×10cm面积内：编织花样A、B均为20.5针，38行

编织要点

●前、后身片 另线锁针起针，起103针，从编织花样A开始编织。随后按编织花样B无加、减针编织至第88行。袖口部分的3针做卷针加针，加针的部分按编织花样C编织，身片部分按编织花样B编织。领窝处减针时，利用编织花样的扭针的右上3针并1针来做。

●组合 拆开下摆另线锁针的针目，看着反面做伏针收针。注意不要收得过紧。肩部正面相对，使用钩针引拔接合，胁使用毛线缝针挑针缝合，袖下的3针使用毛线缝针做下针编织无缝缝合。衣领从领窝挑取针目，编织2行起伏针。在第2行中心的◎部分做上针的左上3针并1针减针。编织终点从反面做伏针收针。

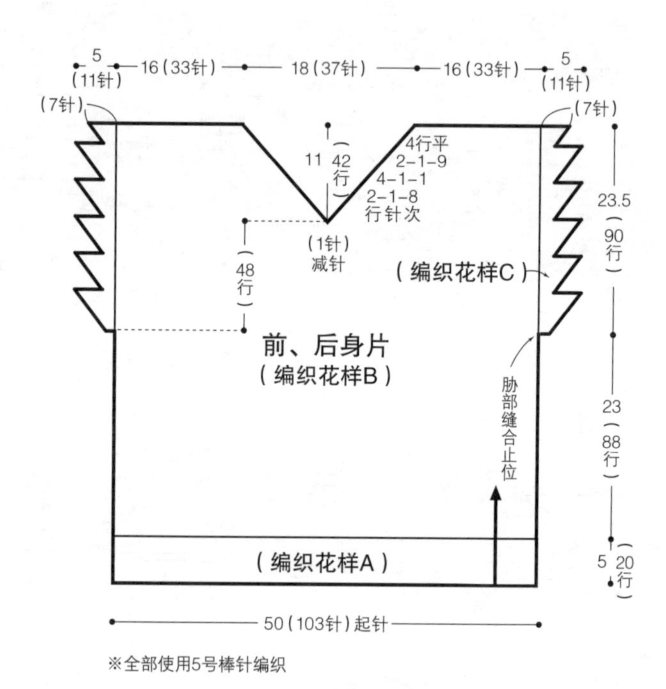

※全部使用5号棒针编织

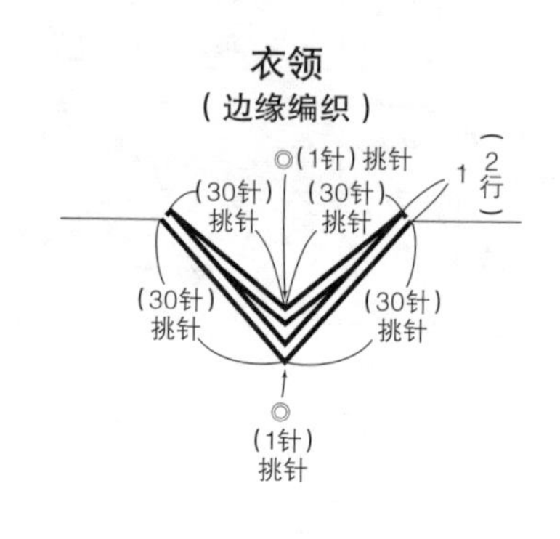

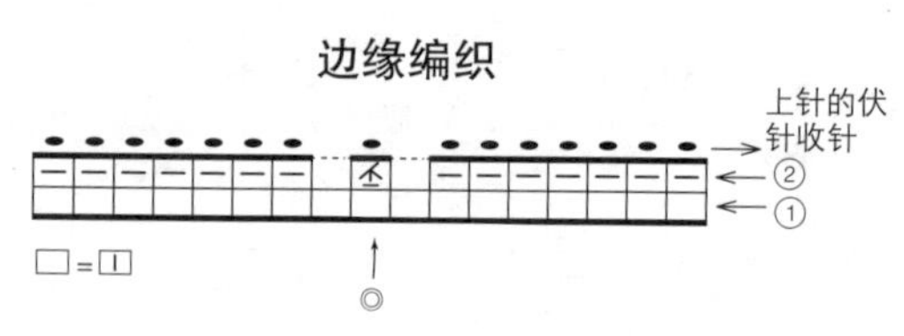

★编织花样A、B、C参见第47、48页

扭针的右上3针并1针

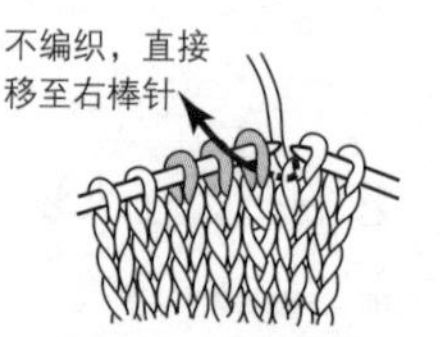

1 将针从织片后侧插入最初的针目中，不编织，直接移至右棒针。

2 按照箭头的方向，将针插入接下来的2针中，2针一起编织。

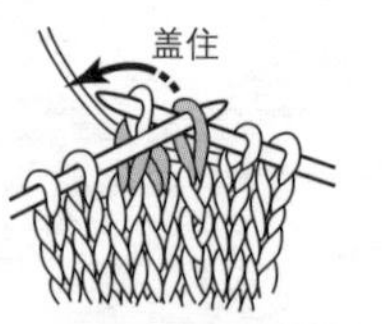

3 将左棒针插入移动过来的针目中，使其盖住编织的针目。

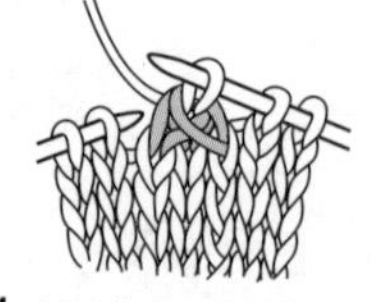

4 扭针的右上3针并1针完成。

卷针加针（2针以上）

1 按照加针的数量重复"将针插入挂在食指上的线圈中，撤出手指"。

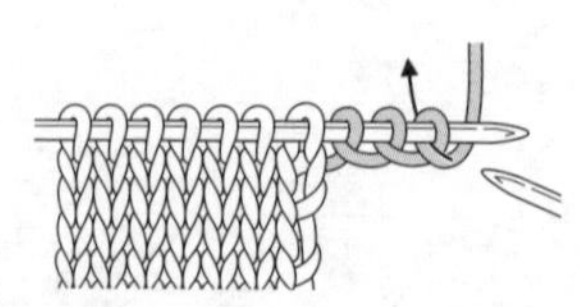

2 翻回正面，按照箭头的方向入针，编织下针。剩下的2针也使用同样的方法编织，编织至边上。

3 与步骤1相同，将针插入挂在食指上的线圈中起针。

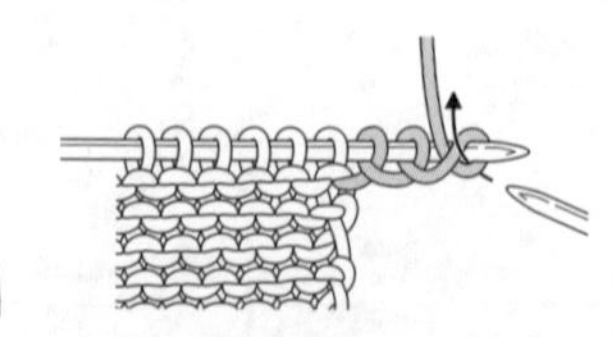

4 翻至反面，按照箭头的方向入针，编织上针。剩下的2针使用同样的方法编织。

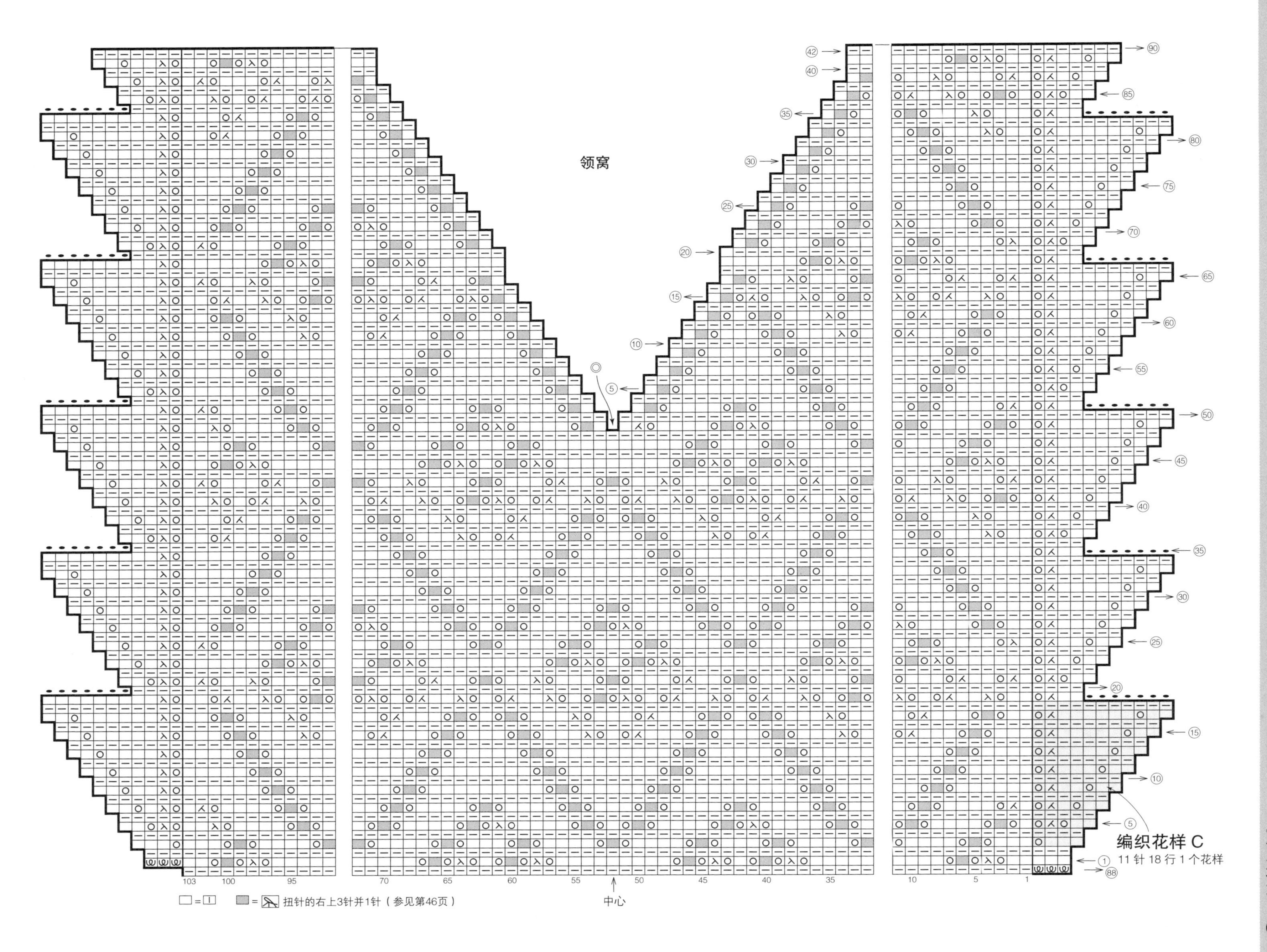
领窝
编织花样 C
11 针 18 行 1 个花样
中心
□ = □
■ = 扭针的右上3针并1针（参见第46页）

编织花样 B 20针44行1个花样

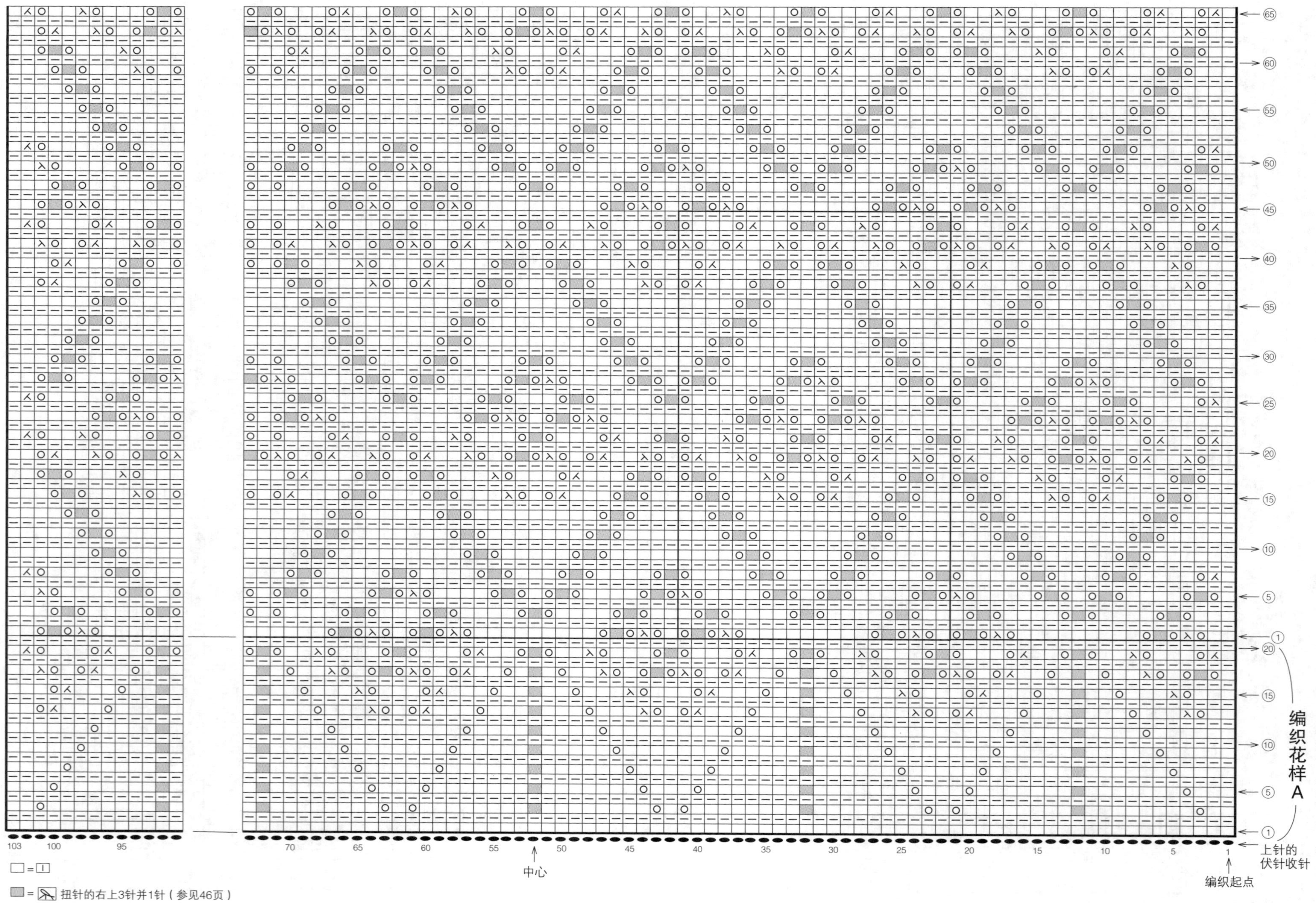

□ = 丨

▒ = 扭针的右上3针并1针（参见46页）

材料 内藤商事 Naif Mela 红色+茶色混合（623）120g/3团

工具 棒针6号

成品尺寸
宽20cm，长110cm

编织密度 10cm×10cm面积内：编织花样24针，36行

编织要点
手指起针，起263针，按编织花样编织。两端在编织起点做滑针的同时，每2行在1针内侧做扭针加针，增加的针目编织起伏针。在中心编织右上3针并1针。编织71行，做略紧一些的伏针收针。

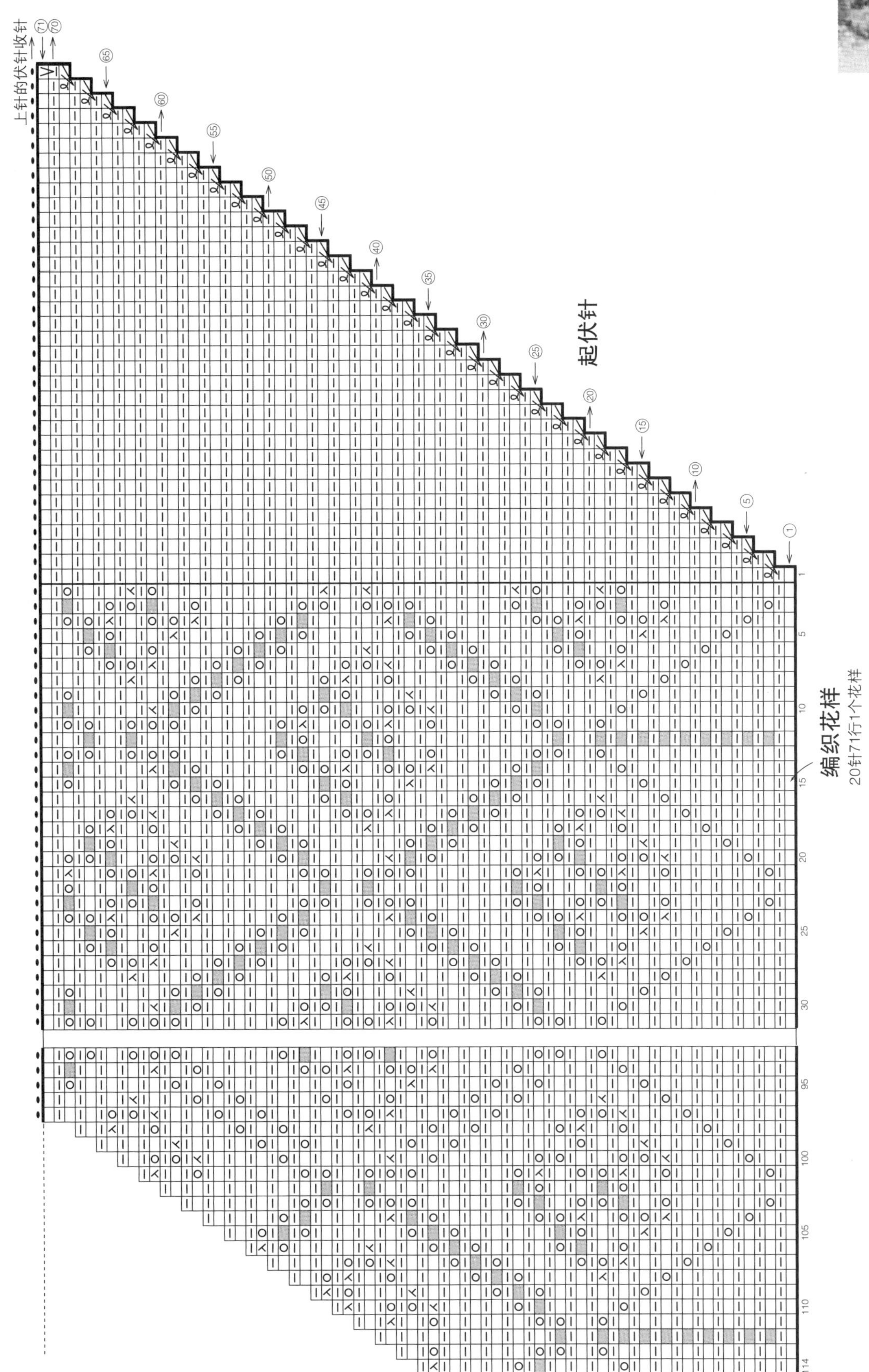

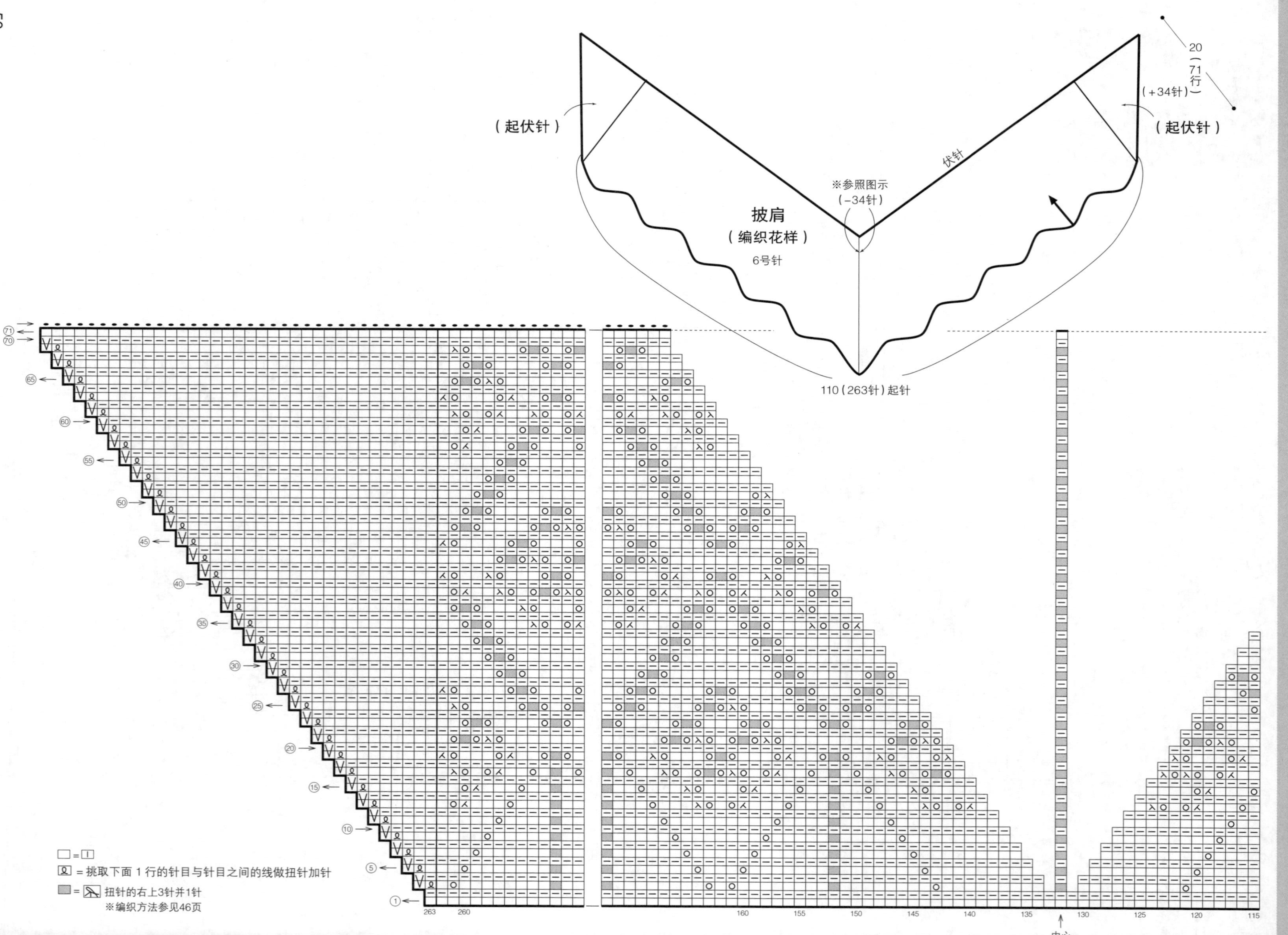

(起伏针)
(起伏针)
20
(71行)
(+34针)
伏针
※参照图示
(-34针)
披肩
(编织花样)
6号针
110(263针)起针
中心
□=□
= 挑取下面 1 行的针目与针目之间的线做扭针加针
= 扭针的右上3针并1针
※编织方法参见46页

材料 内藤商事 Silk Wool 浅灰蓝色（104）M号/260g/6团、L号/290g/6团

工具
棒针5号、4号、3号，钩针3/0号

成品尺寸
M号／胸围92cm，肩宽36cm，衣长58cm，袖长42cm
L号／胸围102cm，肩宽41cm，衣长60cm，袖长44cm

编织密度
10cm×10cm面积内：下针编织、编织花样B 20针，28.5行；编织花样A 16.5针，27行

编织要点
●**前、后身片** 另线锁针起针，起32针，按编织花样A编织下摆部分。编织终点休针备用。从编织花样A挑取针目，按编织花样B编织46行，接下来做下针编织。2针及2针以上减针时，做伏针减针，1针时做立起侧边1针减针。

●**袖** 与身片相同，从编织花样A开始编织，接下来编织编织花样B、下针编织。袖下无加、减针，袖山处减2针及2针以上时，做伏针减针，1针时做立起侧边1针减针。

●**组合** 肩部正面相对，使用钩针引拔接合。胁、袖下使用毛线缝针挑针缝合，编织花样A之间使用钩针引拔接合。衣领从领窝挑取针目，在前身片中心参照图示减针。编织终点使用钩针做引拔接合的同时，钩织2针锁针的引拔狗牙针。使用钩针将衣袖引拔接合到身片上。

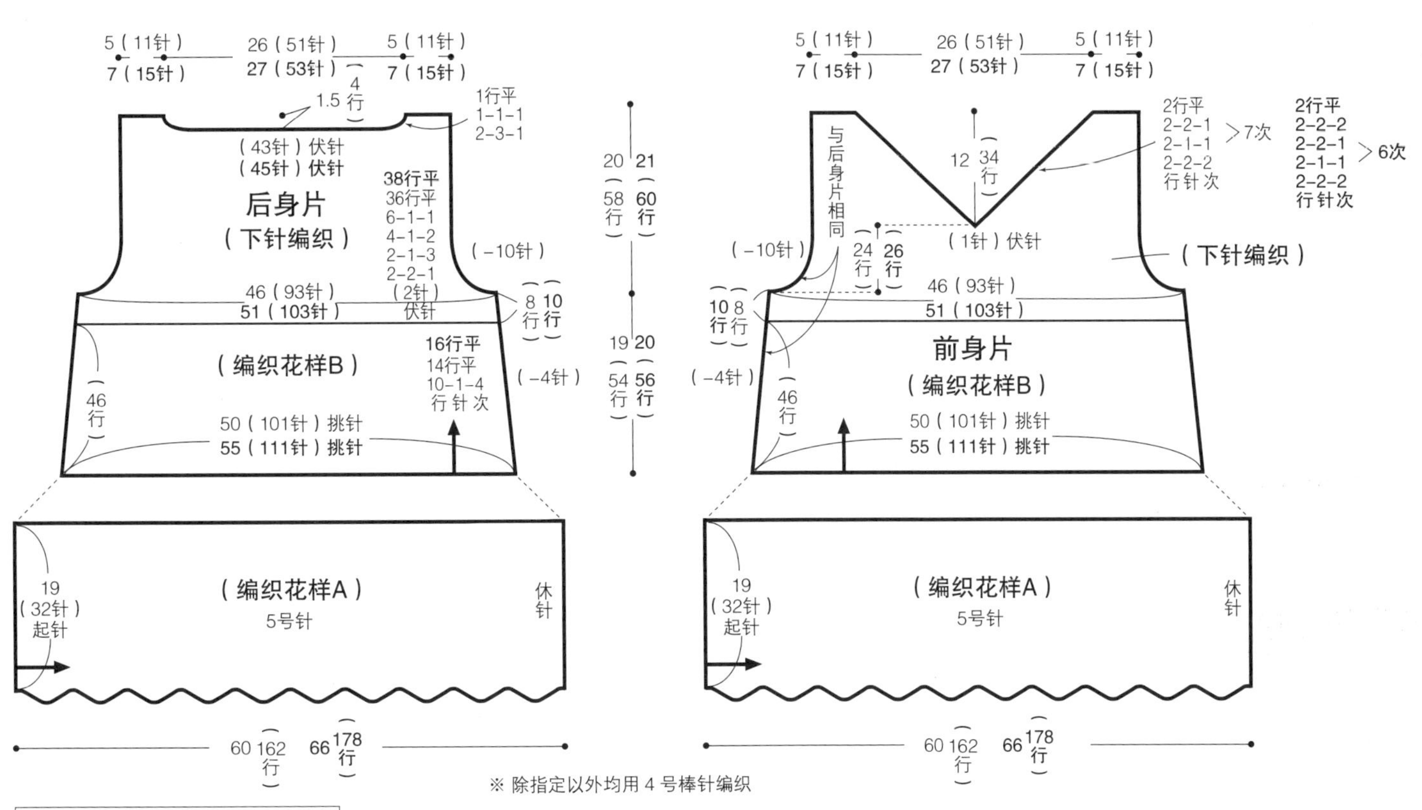

※ 除指定以外均用4号棒针编织

标示的数据是按照M号、L号的顺序。只有一个标示的地方，为两个尺寸通用。

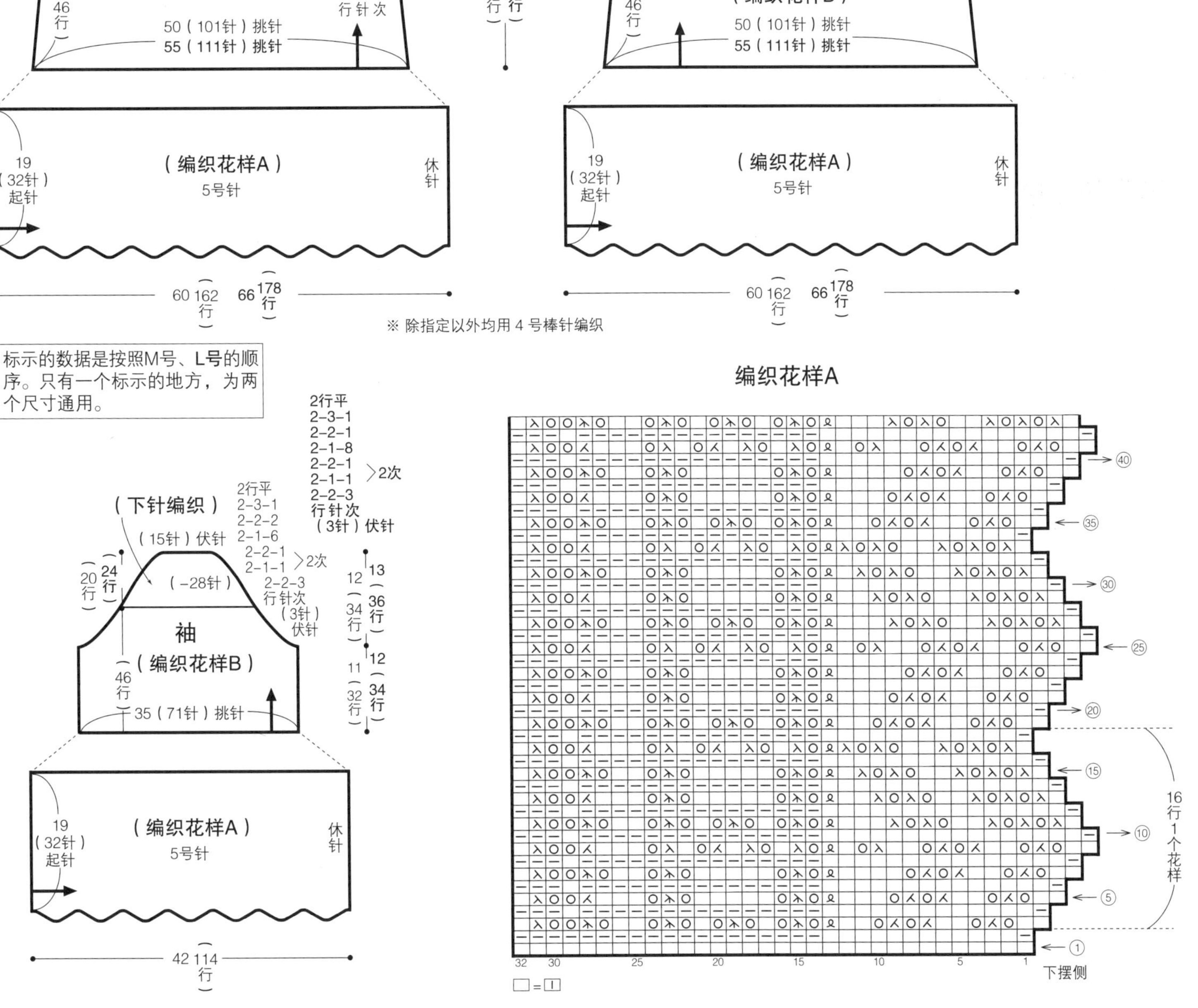

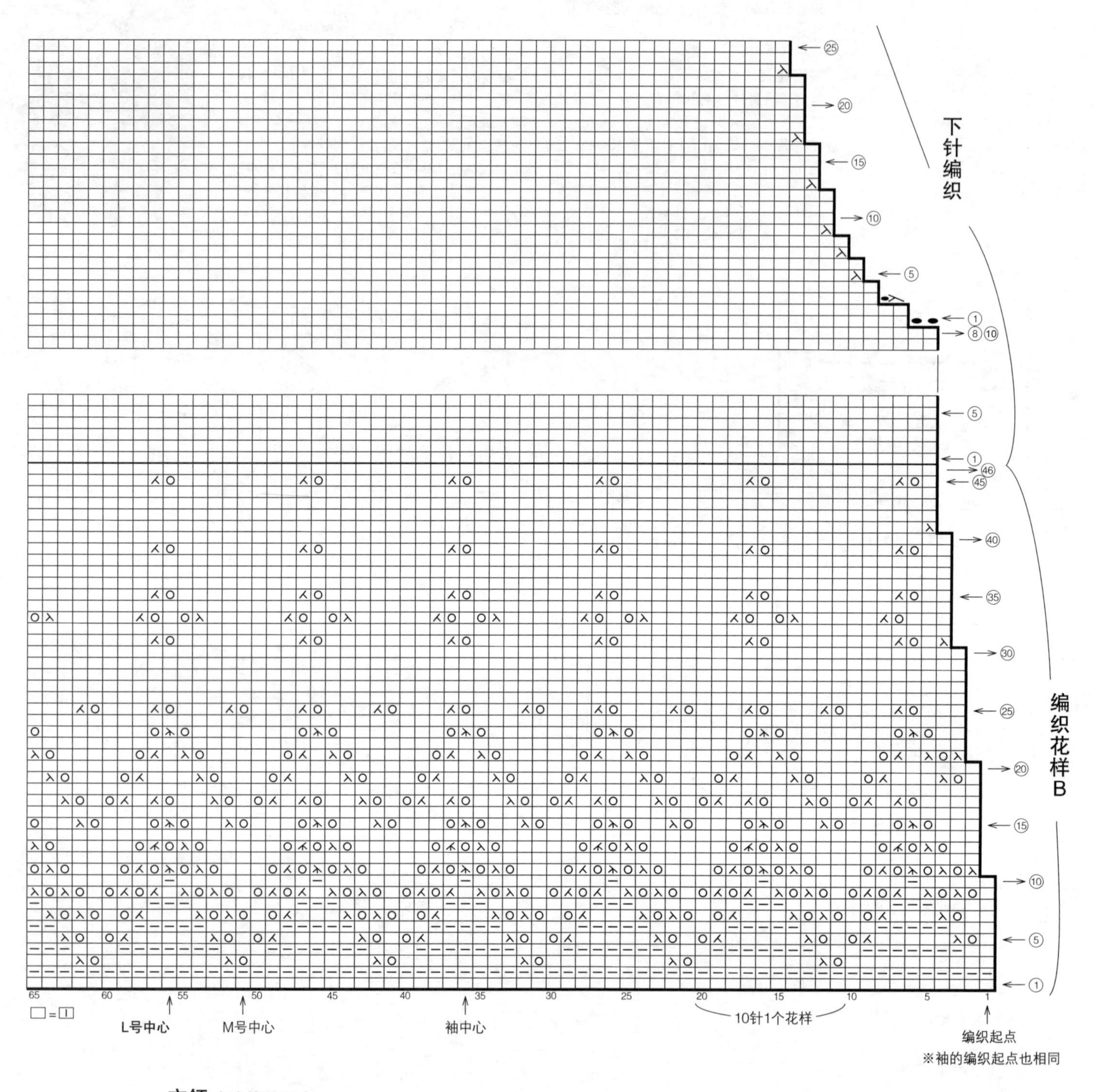

衣领（边缘编织）

3号针 3/0号针

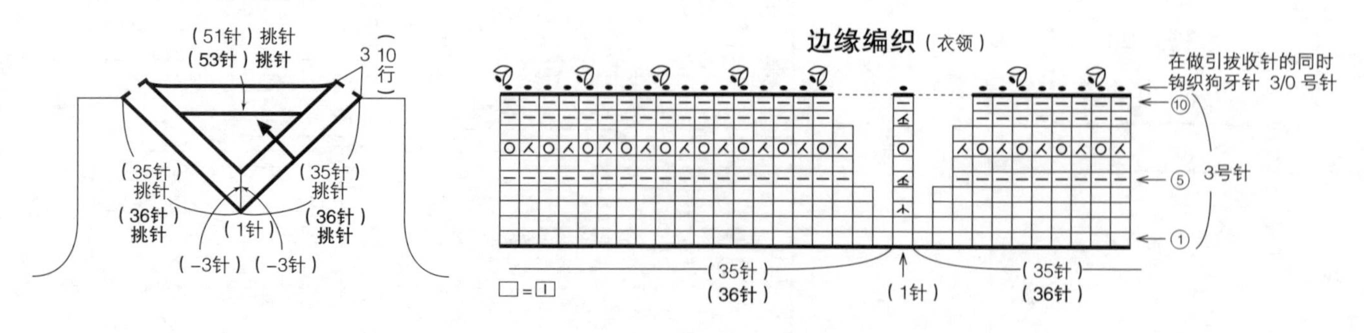

材料 内藤商事 Sofia 紫色（10）160g/4团、Serenella原色+紫色系混合（146）70g/2团

工具
棒针5号、钩针5/0号

成品尺寸
宽54.5cm，长137cm

编织密度
10cm×10cm面积内：编织花样A 19针，38行；编织花样B 22.5针，38行

编织要点
手指起针，起51针，从编织花样A开始编织。在两肋每2行做加针，共编织136行。加针是在2针内侧做挂针加针。编织终点做伏针收针。
从编织花样A的胁和起针的另一侧挑取针目，编织34行条纹花样。在两端的1针内侧做扭针加针，转角的加针参照图示做挂针加针。编织终点休针，将针目留在针上备用。
编织花样B，手指起针，起13针，参照图示在右端加针，通过伏针做出锯齿花样。左端在从正面编织的行，与条纹花样的最后1行的针目做右上2针并1针（编织花样B的针目在上），一边编织一边连接在一起。起针的行以及编织终点的行由于不编织连接在一起，需要之后再与编织花样B的边上的针目缝合在一起。在三角形的底边钩织边缘编织。

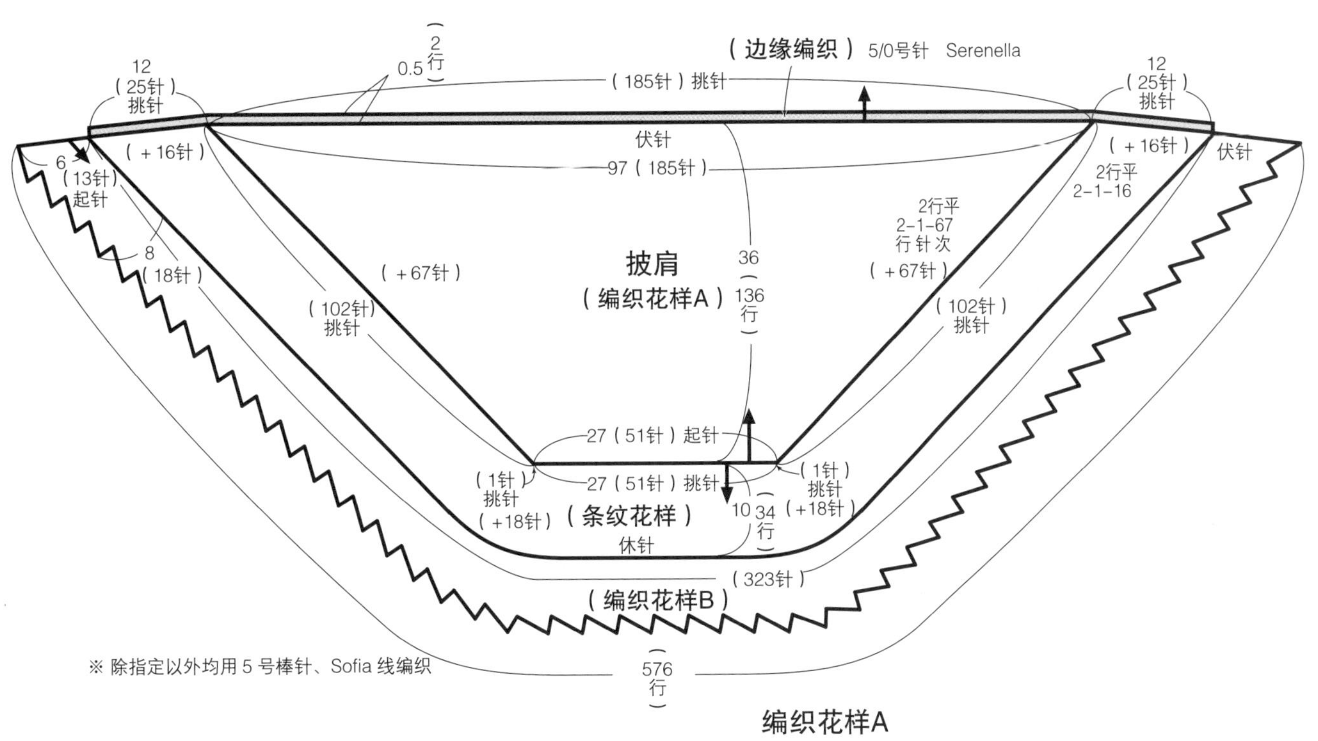

编织花样A

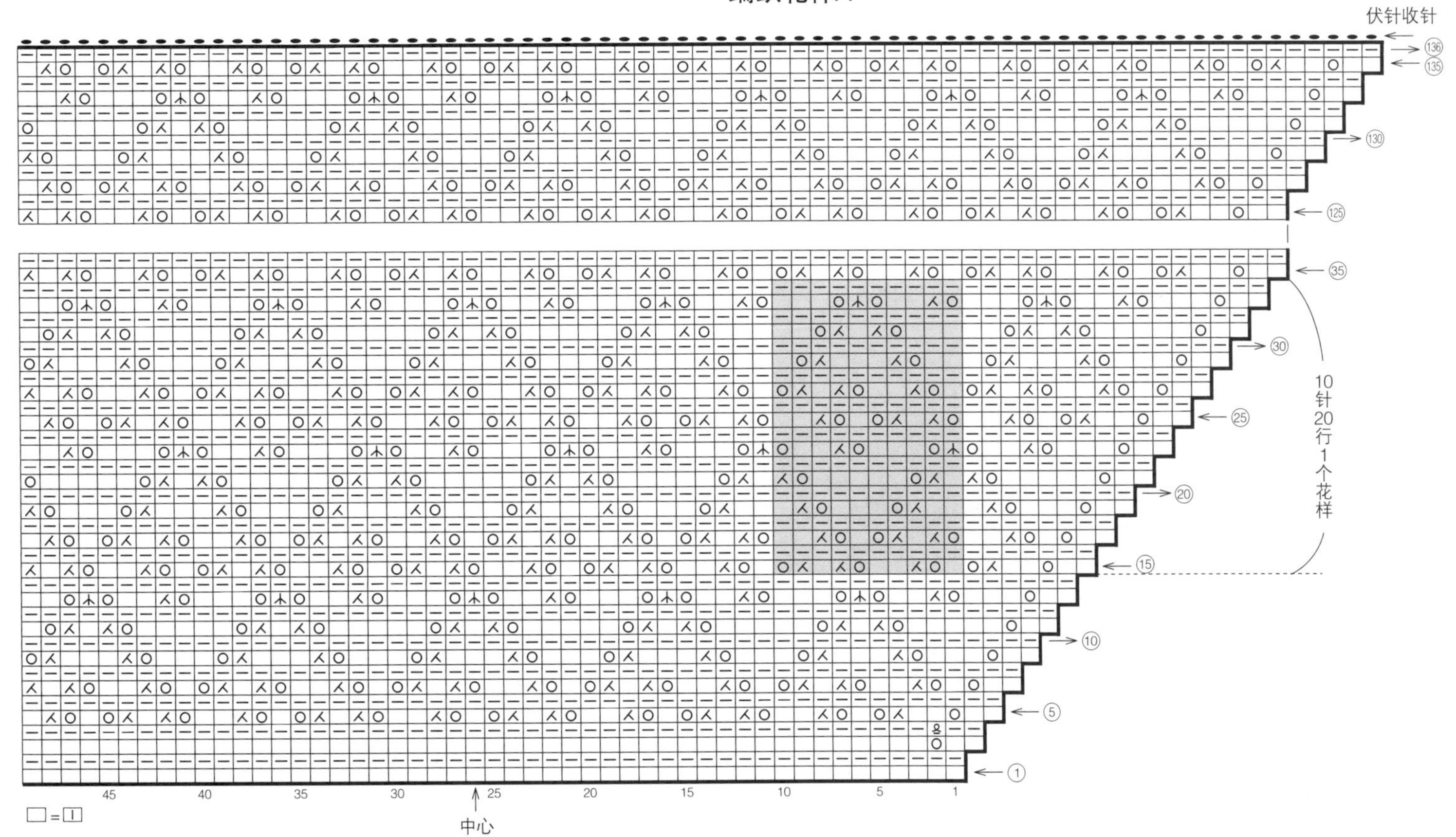

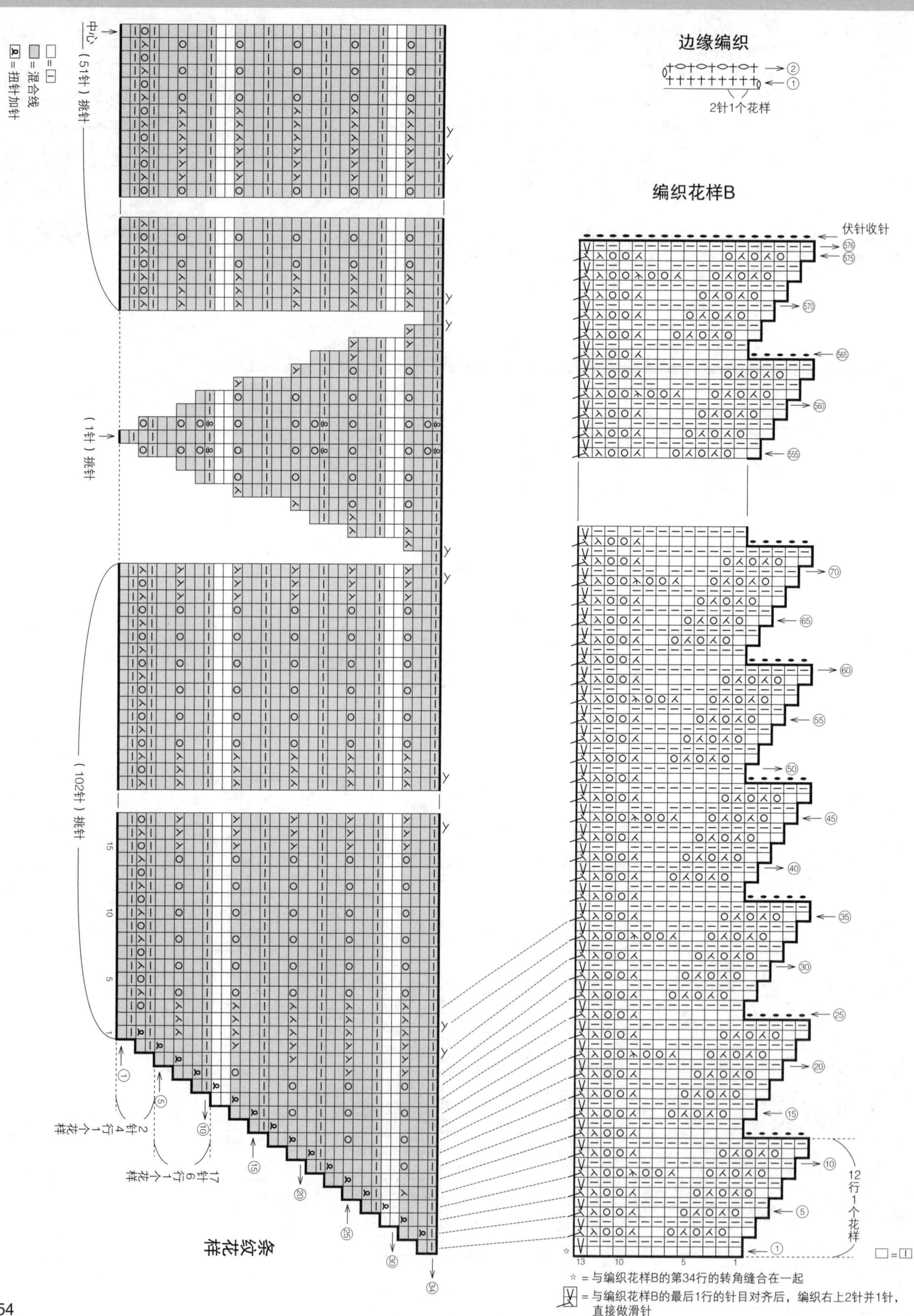
边缘编织
2针1个花样
编织花样B
伏针收针
中心
（51针）挑针
（1针）挑针
（102针）挑针
□=□
▒=混合线
ℓ=扭针加针
2针4行1个花样
17针6行1个花样
12行1个花样
条纹花样
☆ = 与编织花样B的第34行的转角缝合在一起
= 与编织花样B的最后1行的针目对齐后，编织右上2针并1针，直接做滑针

材料 内藤商事 Caty Tweed 浅灰色（8）M号/ 235g/6团、L号 / 270g/7团，浅卡其色（9）M号/ 75g/2团、L号 / 85g/3团，芥末黄色（13）M号/ 35g/1团、L号 / 40g/1团

工具
棒针10号、8号

成品尺寸
M号 / 胸围96cm，衣长53cm，连肩袖长66.5cm
L号 / 胸围108cm，衣长55cm，连肩袖长68.5cm

编织密度
10cm × 10cm面积内：下针编织、配色花样A、配色花样B均为15针，21行

编织要点
●**身片** 另线锁针起针，起指定数量的针目，按配色花样A编织13行，接下来做下针编织。2针及2针以上减针时，做伏针减针，1针时做立起侧边1针的减针。剩下的1针做伏针收针。拆开下摆另线锁针的起针，挑取针目，编织单罗纹针。编织终点做单罗纹针收针。
●**袖** 另线锁针起针，起指定数量的针目，与身片使用同样的方法编织。袖下加针时，在1针内侧编织扭针加针。2针以上的减针，做伏针减针。袖口与下摆的编织方法相同。
●**育克** 插肩袖窿使用毛线缝针挑针缝合。从袖、身片分别挑取针目，按配色花样B做分散减针的同时编织34行。
●**组合** 胁、袖下使用毛线缝针挑针缝合。从领窝挑取针目，衣领编织单罗纹针。编织终点做单罗纹针收针。

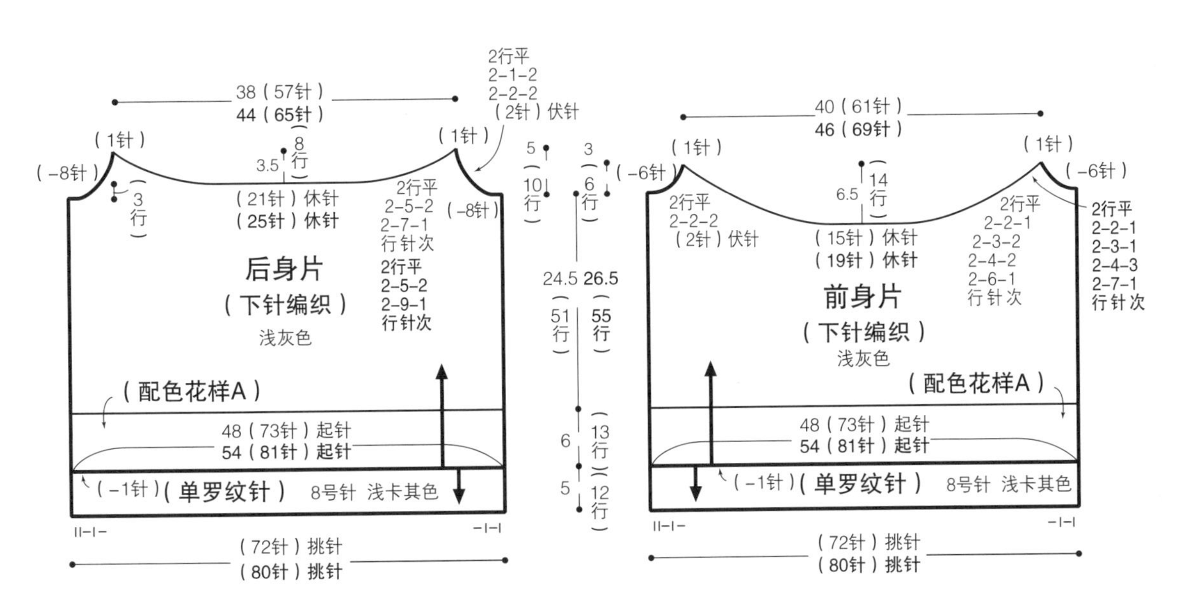

※除指定以外均用10号棒针编织

标示的数据是按照M号、L号的顺序。只有一个标示的地方，为两个尺寸通用。

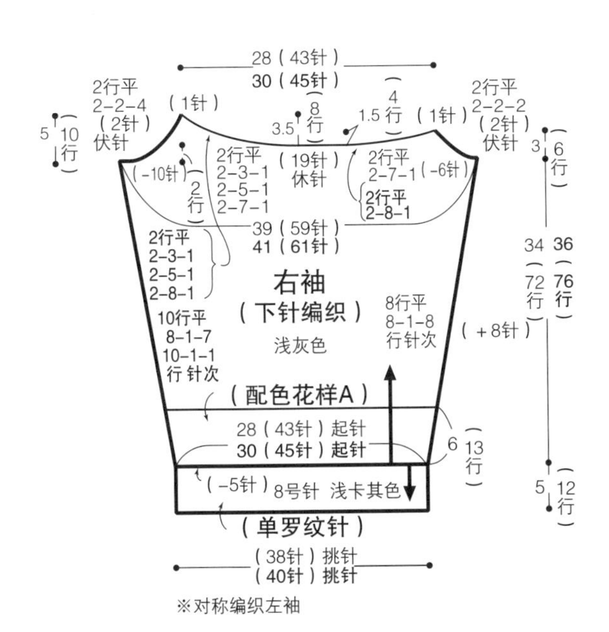

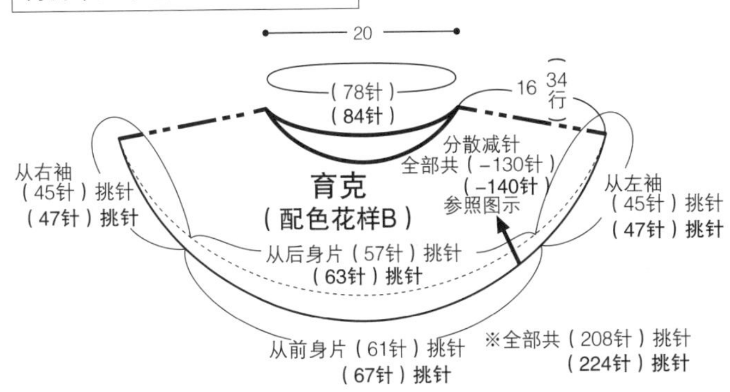

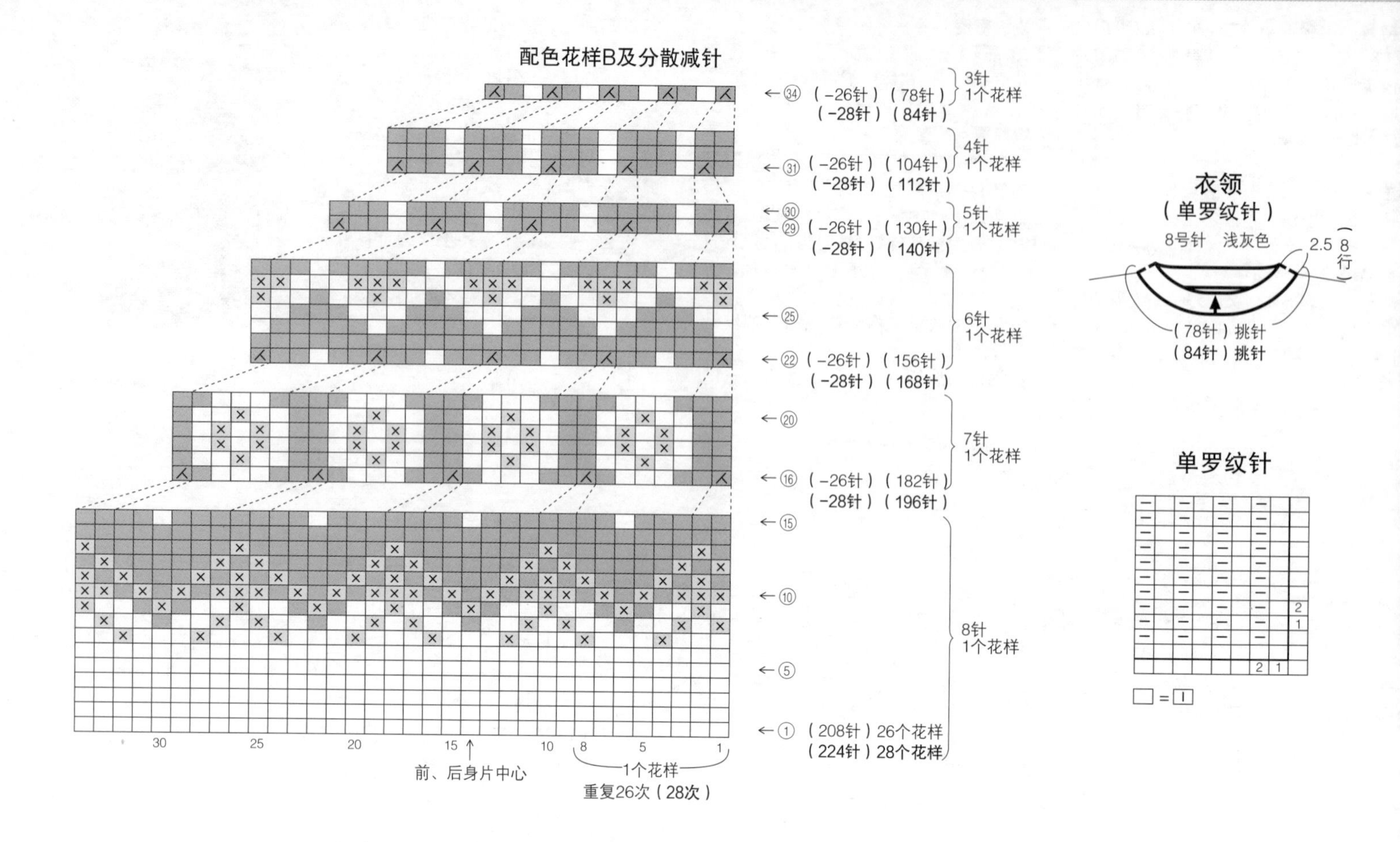

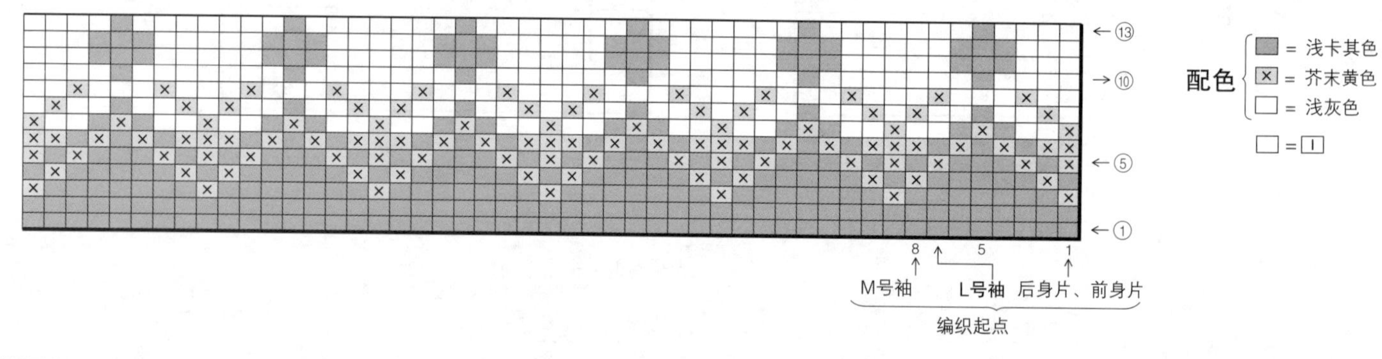

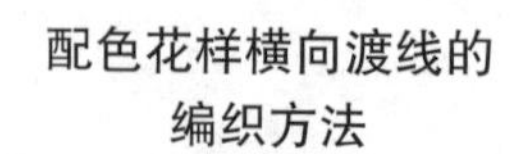

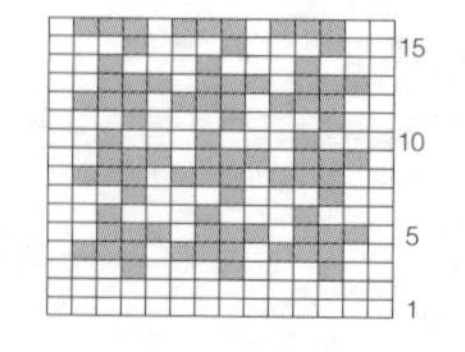

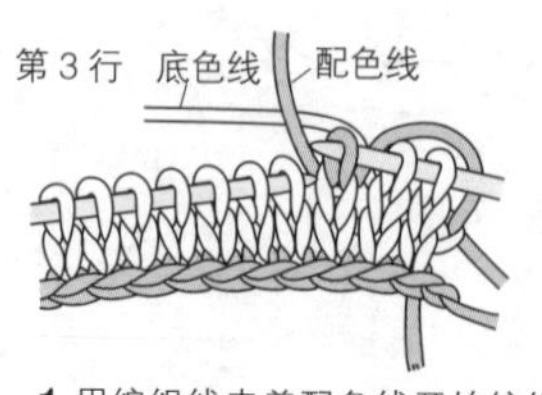

1 用编织线夹着配色线开始编织，底色线编织2针，配色线编织1针。

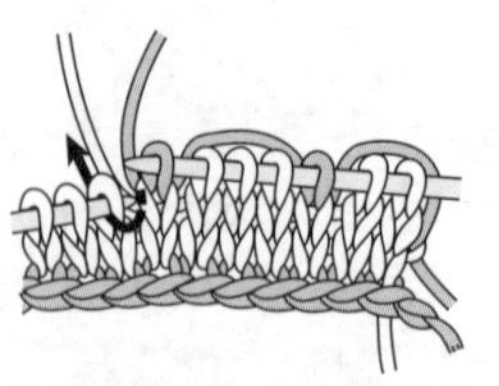

2 配色线在上，底色线从下方渡过，重复底色线编织3针、配色线编织1针。

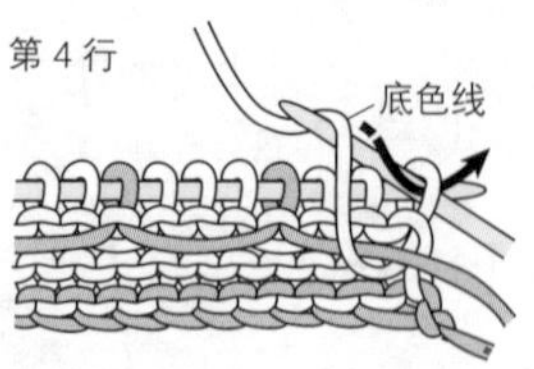

3 第4行的编织起点。夹着配色线编织第1针。

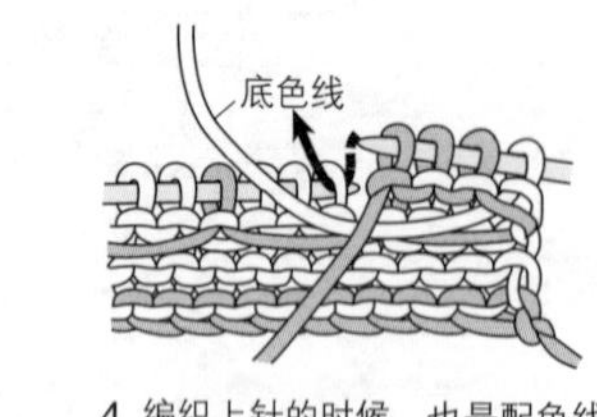

4 编织上针的时候，也是配色线在上，底色线从下方渡过。

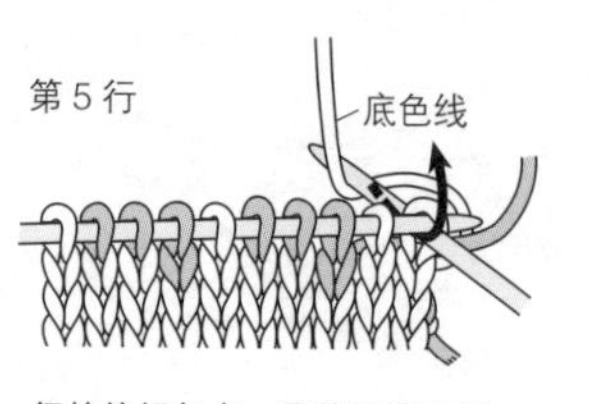

5 行的编织起点，用编织线夹着休线开始编织。

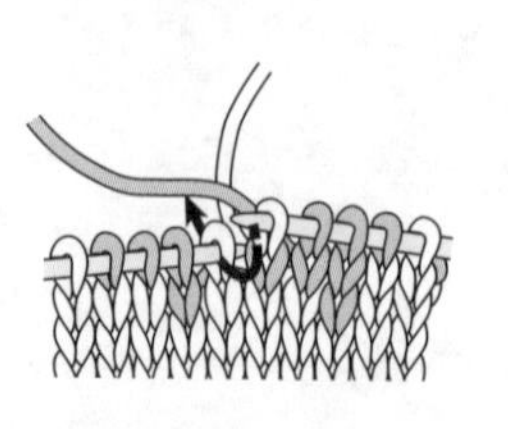

6 按照符号图，重复配色线编织3针、底色线编织1针。

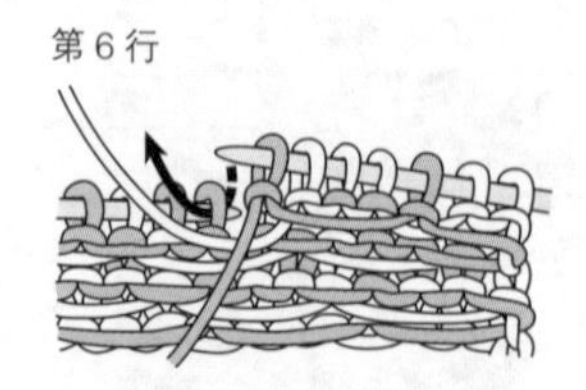

7 重复配色线编织1针、底色线编织3针。到这行为止，编织了1个花样。

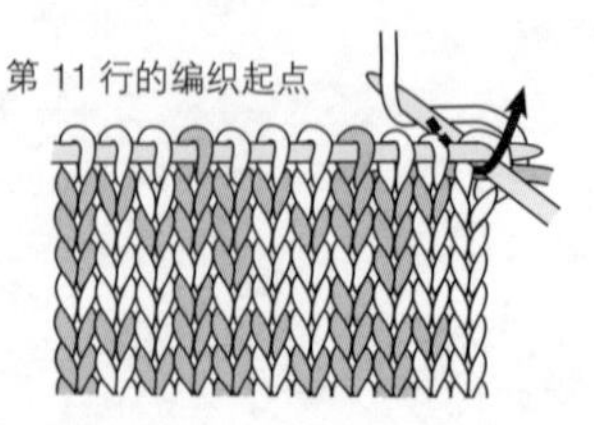

8 再编织4行，千鸟格花样编织了2个花样后的样子。

材料 内藤商事 Ecuador 灰色混合（112）M号/155g/4团、L号 / 180g/4团，黄色混合（107）M号/90g/2团、L号 / 90g/2团，紫色混合（111）M号/55g/2团、L号 / 55g/2团

工具
棒针8号、6号

成品尺寸
M号 / 胸围98cm，肩宽54cm，衣长58.5cm
L号 / 胸围108cm，肩宽59cm，衣长59.5cm

编织密度
10cm×10cm面积内：起伏针15.5针，25行

编织要点
●身片 手指起针，从起伏针开始编织。编织终点休针备用，各个部分分别挑针，参照图示按编织花样编织。各个部分的边上，编织1针卷针加针作为缝份。胁部4针的加针也是卷针加针。各个部分的编织终点做伏针收针。从3个部分上挑取针目，编织育克。2针及2针以上减针时，做伏针减针，1针时做立起侧边1针的减针。

●组合 肩部做盖针接合，胁、各部分之间使用毛线缝针挑针缝合。衣领挑取针目编织起伏针，编织终点做伏针收针。

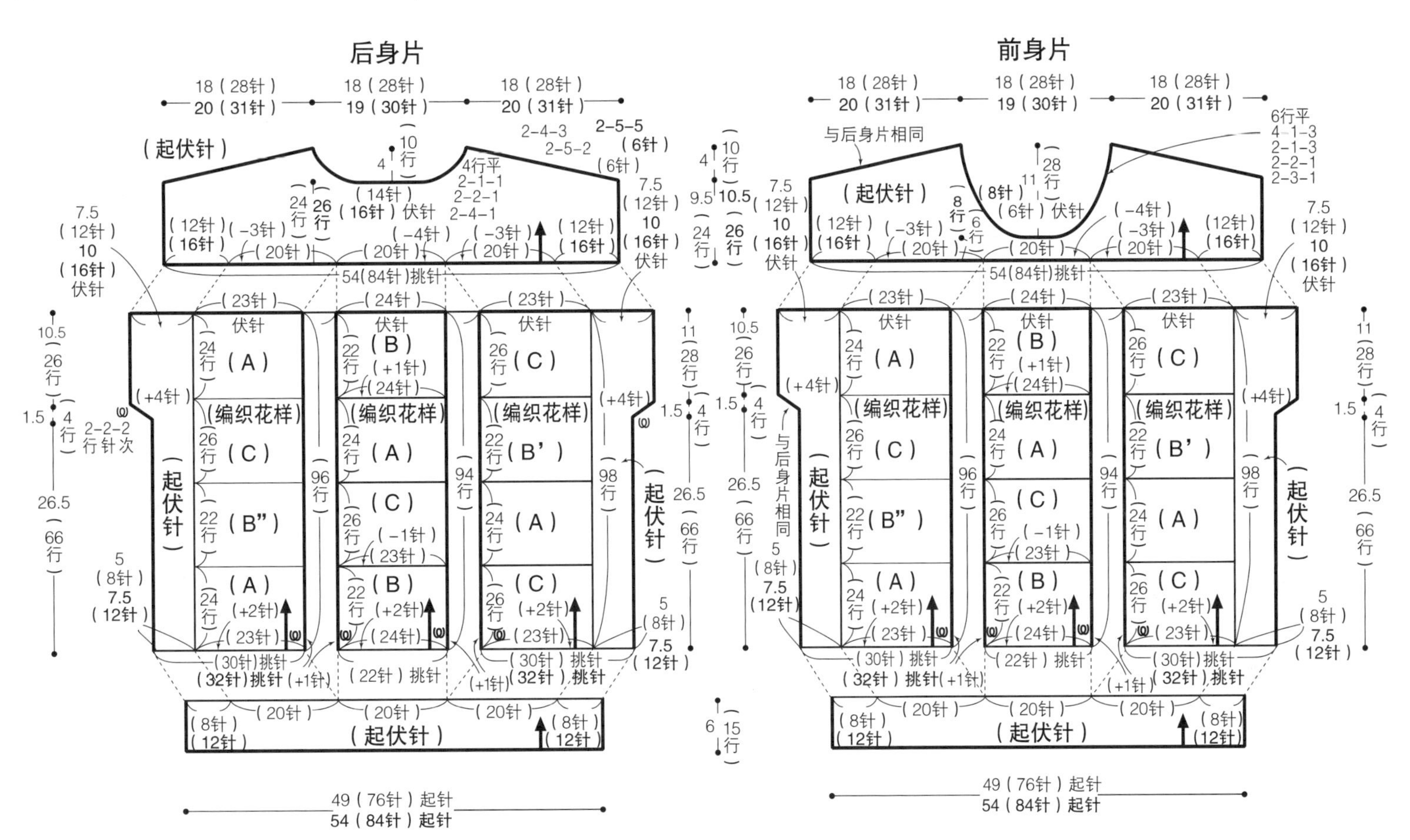

※ 除指定以外均用8号棒针编织
※ 起伏针使用灰色混合线编织
※ 编织花样相邻的部分用卷针加1针作为缝份
※ 因版面局限，以上编织图中部分省略“（编织花样）”

标示的数据是按照M号、L号的顺序。只有一个标示的地方，为两个尺寸通用。

衣领
（起伏针） 6号针

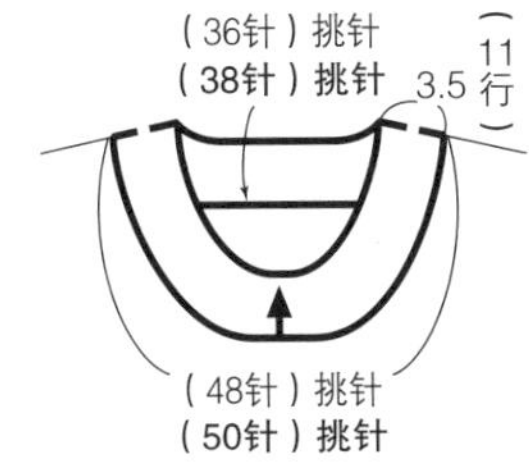

起伏针（衣领）

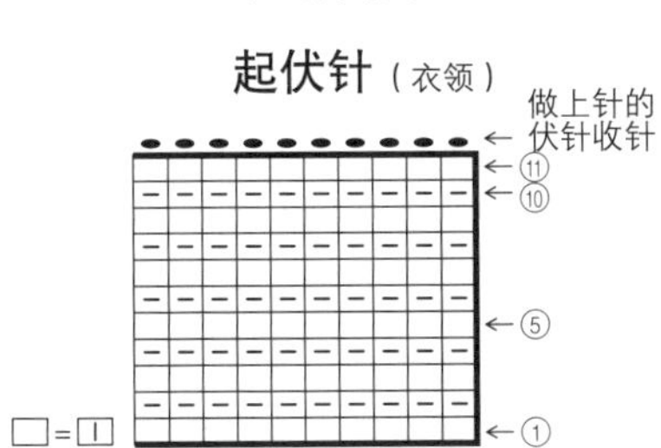

编织花样A

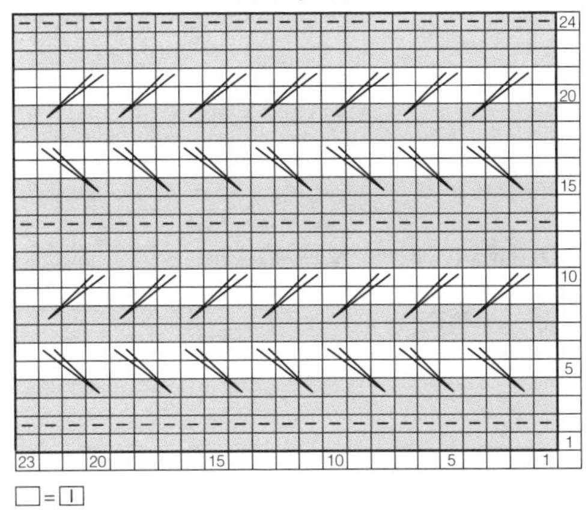

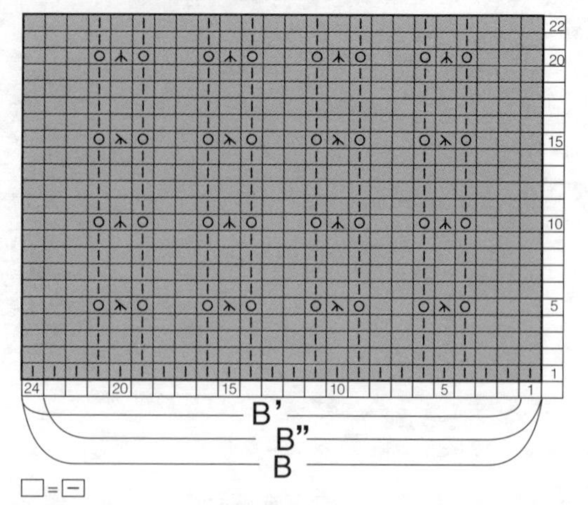

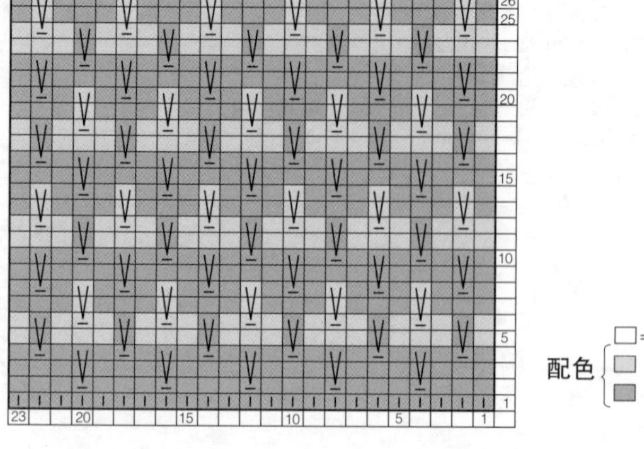

27 页的作品 23

材料 Ski World Selection Vecco米色系混合（1307）65g/2团

工具 棒针12号

成品尺寸
头围55cm，帽深24.5cm

编织密度
10cm×10cm面积内：起伏针11针，23行

编织要点
另线锁针起针，从起伏针开始编织。参照图示做分散加针、分散减针。编织终点将线穿入最后一行的针目中，收紧。拆开另线锁针的起针，挑取针目，减为指定数量的针目后，编织起伏针。编织终点做伏针收针。制作小绒球，缝到指定的位置。

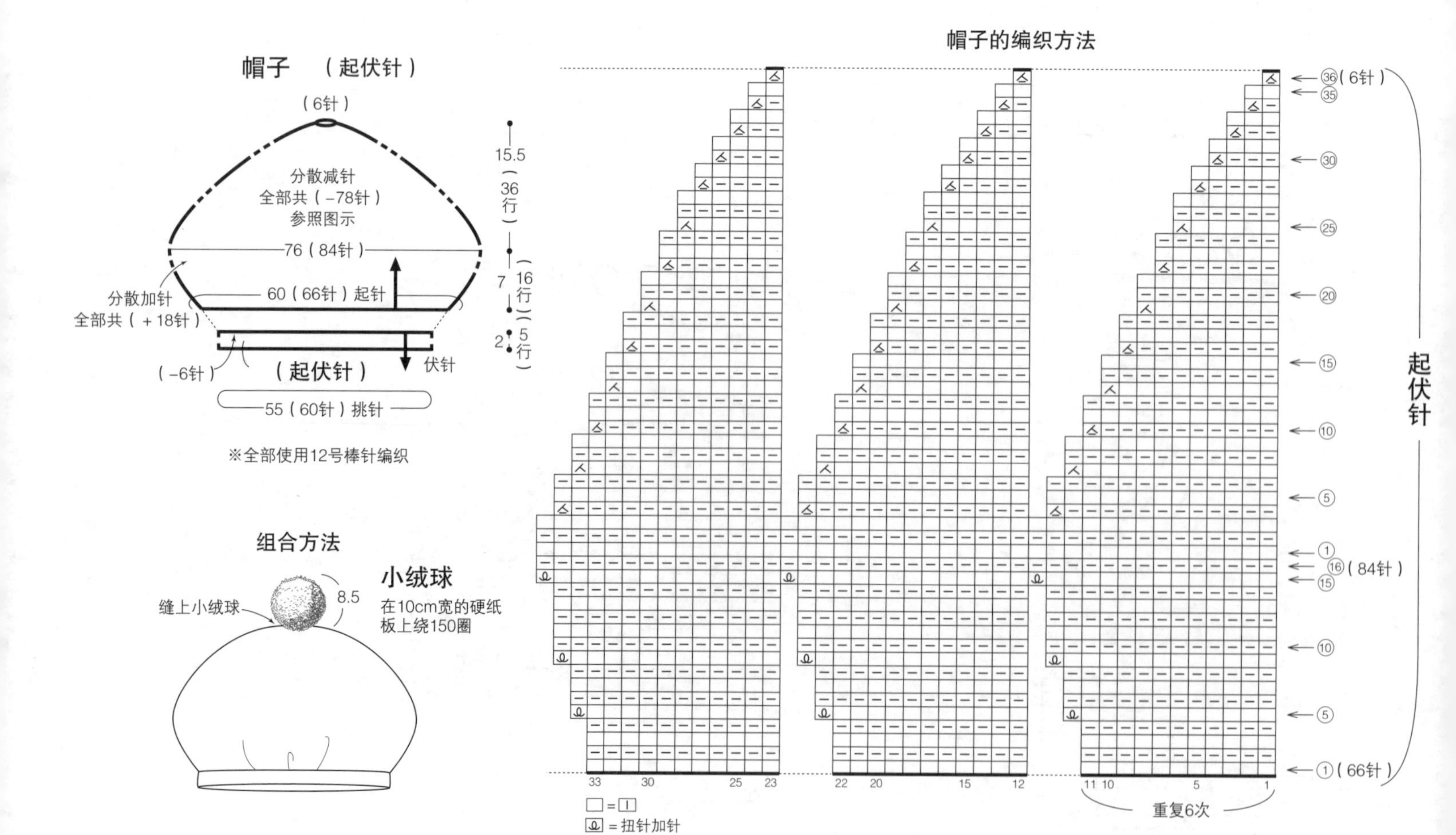

材料 内藤商事 Elsa 褐色系段染（7402）145g/3团、灰色系段染（7401）105g/3团、绿色系段染（7409）80g/2团

工具 棒针8号、7号

成品尺寸
胸围111cm，衣长55.5cm

编织密度
10cm×10cm面积内：下针编织、上针编织均为19针，26.5行

编织要点
块①和块②分别手指起针，起50针，使用指定的颜色编织29行起伏针。块③之后按照数字的顺序，通过挑针和卷针加针起针，使用指定的颜色及编织方法编织。块的针对行的部分，按照对齐针与行的方法使用毛线缝针缝合连接在一起，从相邻的块上挑取针目。胁、袖口连续编织起伏针、单罗纹针。只有一侧的起伏针多编织1行。胁的起伏针之间做盖针接合。袖口的单罗纹针做单罗纹针收针。下摆挑取针目，编织起伏针，编织终点做伏针收针。

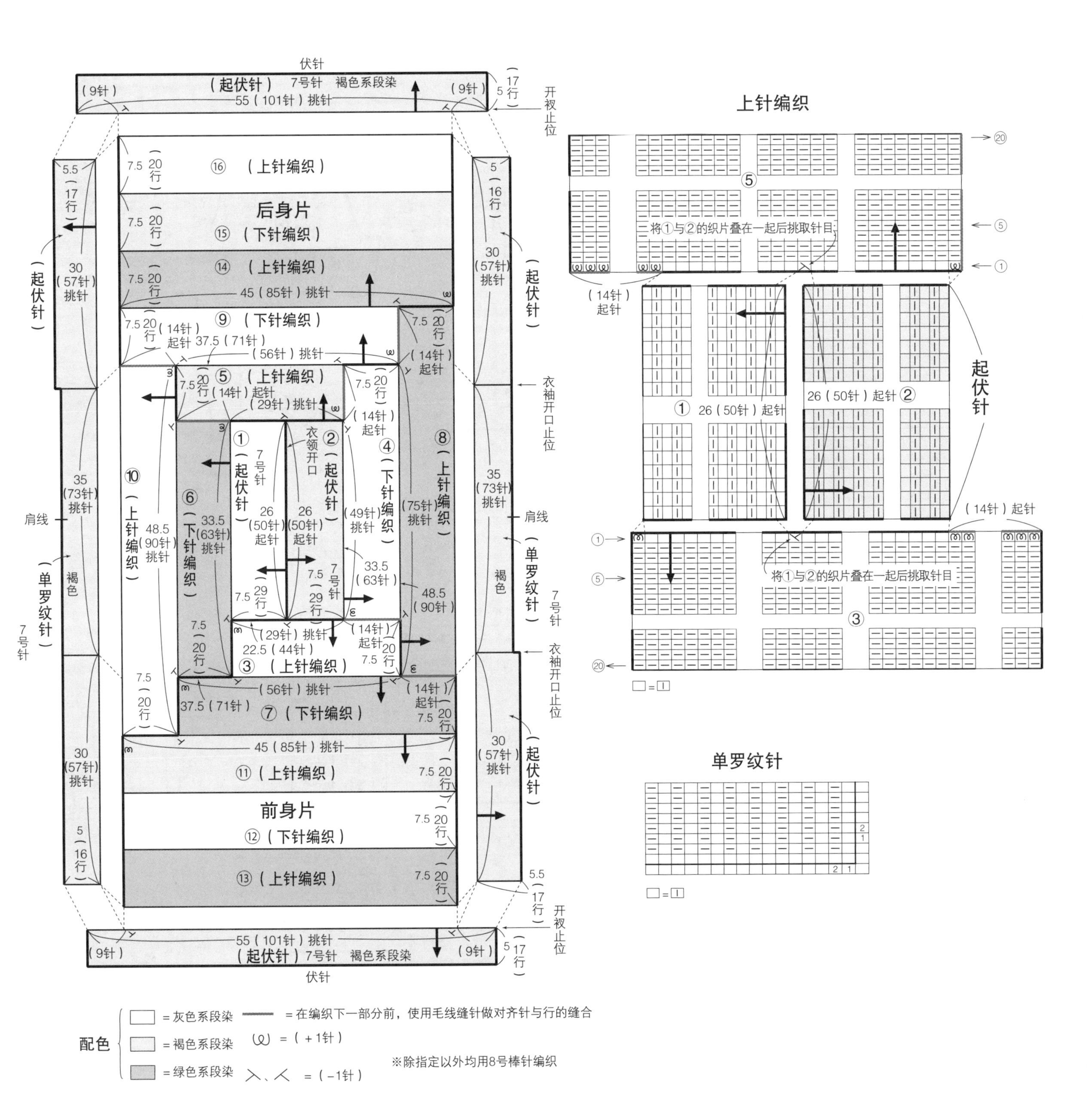

材料 内藤商事 Irlanda Effect 原色+红色系混合（7）M号/215g/5团、L号/250g/5团，直径18mm的纽扣6颗

工具 棒针5号

成品尺寸
M号／胸围97cm，肩宽38cm，衣长51cm，袖长47cm
L号／胸围107cm，肩宽43cm，衣长53cm，袖长49cm

编织密度
10cm×10cm面积内：下针编织22针，29行

编织要点
●**身片** 另线锁针起针，起指定数量的针目，做下针编织。2针及2针以上减针时，做伏针减针，1针时做立起侧边1针的减针。
●**袖** 另线锁针起针，起指定数量的针目，与身片使用同样的方法编织。袖下加针时，在1针内侧编织扭针加针。2针及2针以上减针时，做伏针减针，1针时做立起侧边1针的减针。
●**组合** 拆开下摆、袖口另线锁针的起针，挑取针目，按编织花样编织16行。编织终点做伏针收针。肩部正面相对，使用钩针引拔接合。胁、袖下使用毛线缝针挑针缝合。从领窝挑取针目，衣领编织单罗纹针。编织终点做单罗纹针收针。前门襟挑取针目，编织单罗纹针。在右前门襟的指定位置编织扣眼。使用钩针将衣袖引拔接合到身片上。在左前门襟钉上纽扣。

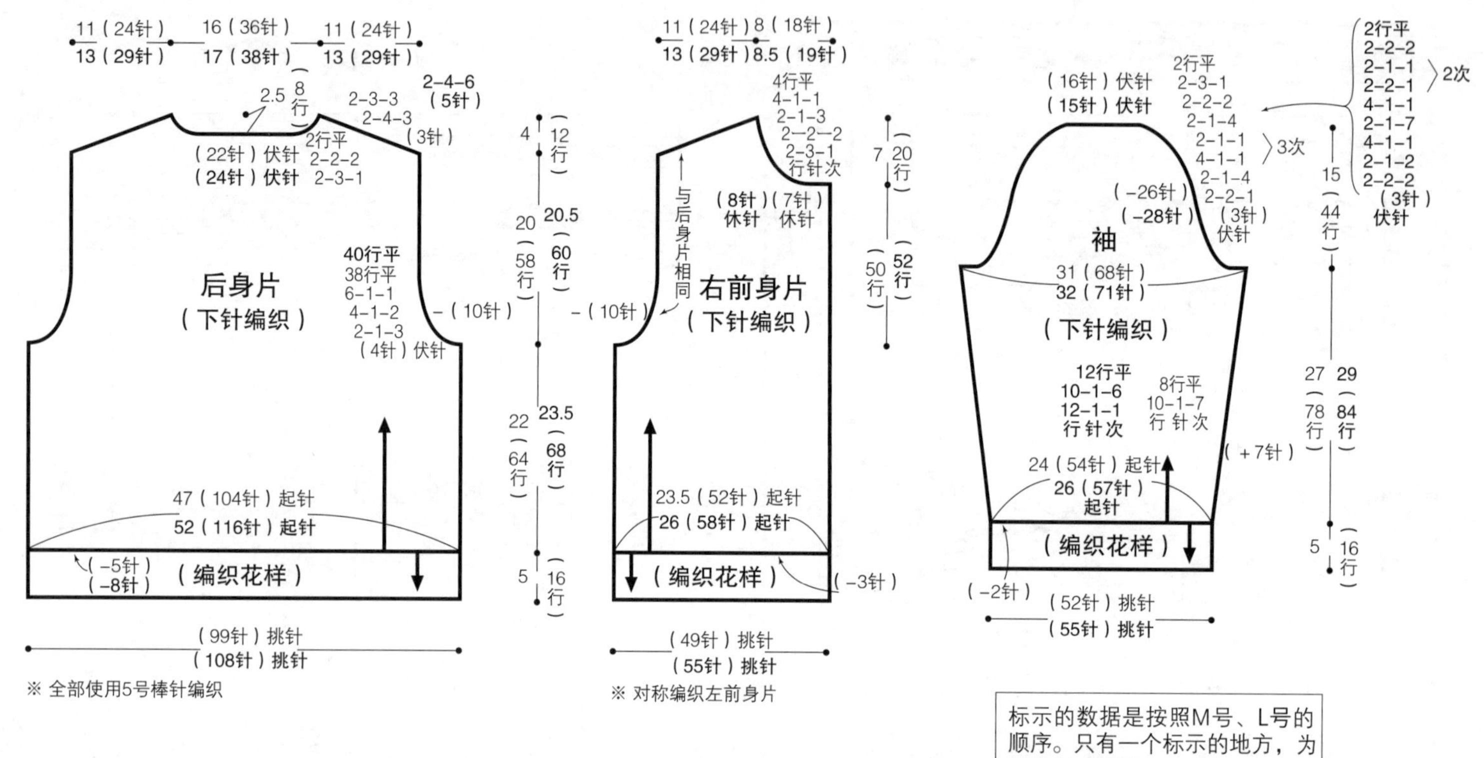

标示的数据是按照M号、L号的顺序。只有一个标示的地方，为两个尺寸通用。

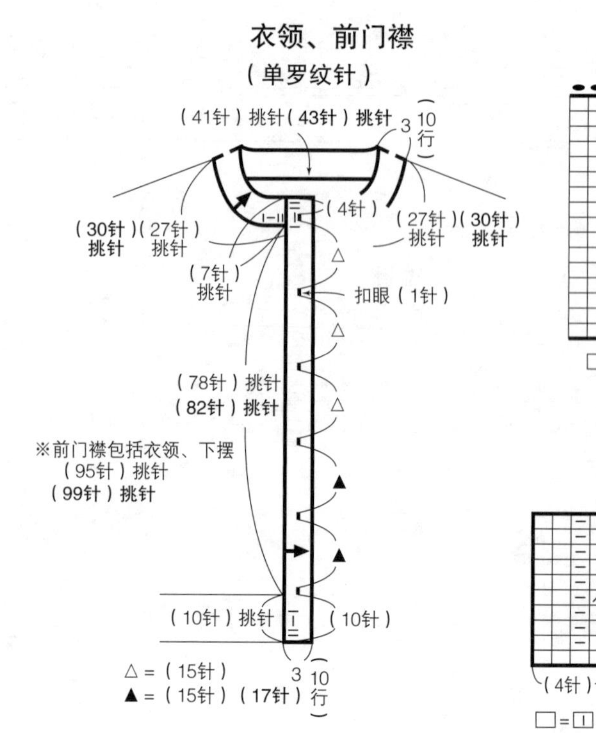

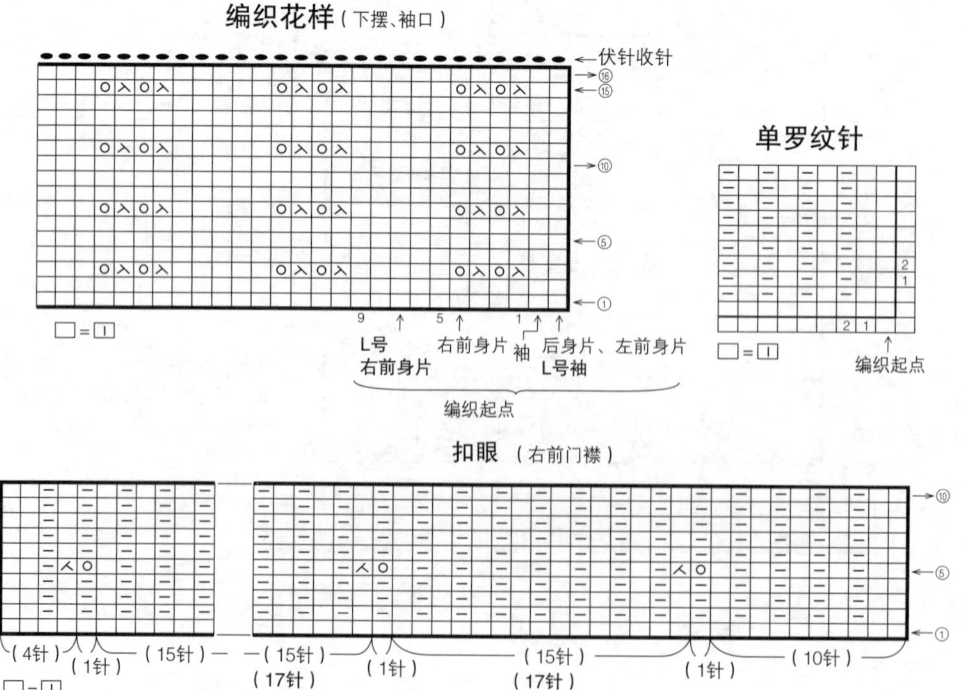

材料 内藤商事 Catena Multi 绿色系混合（506）680g/14团

工具
超粗棒针10mm、8mm

成品尺寸
胸围118cm，衣长77cm，连肩袖长69.5cm

编织密度
10cm×10cm面积内：下针编织8针，11.5行

编织要点
●**前、后身片** 手指起针，起85针，编织8行单罗纹针。接下来做下针编织，无加、减针编织56行。剩下的24行，右前身片、后身片、左前身片分别编织。肩部的针目休针，衣领开口部分伏针收针。
●**袖** 肩部正面相对，使用钩针引拔接合。衣袖环形挑针，无加、减针编织38行下针编织，换针，在第1行减16针，编织单罗纹针。编织终点，做下针织下针、上针织上针的伏针收针。
●**组合** 前门襟、衣领从前侧边、后领口挑取针目，编织6行单罗纹针。编织终点，做下针织下针、上针织上针的伏针收针。

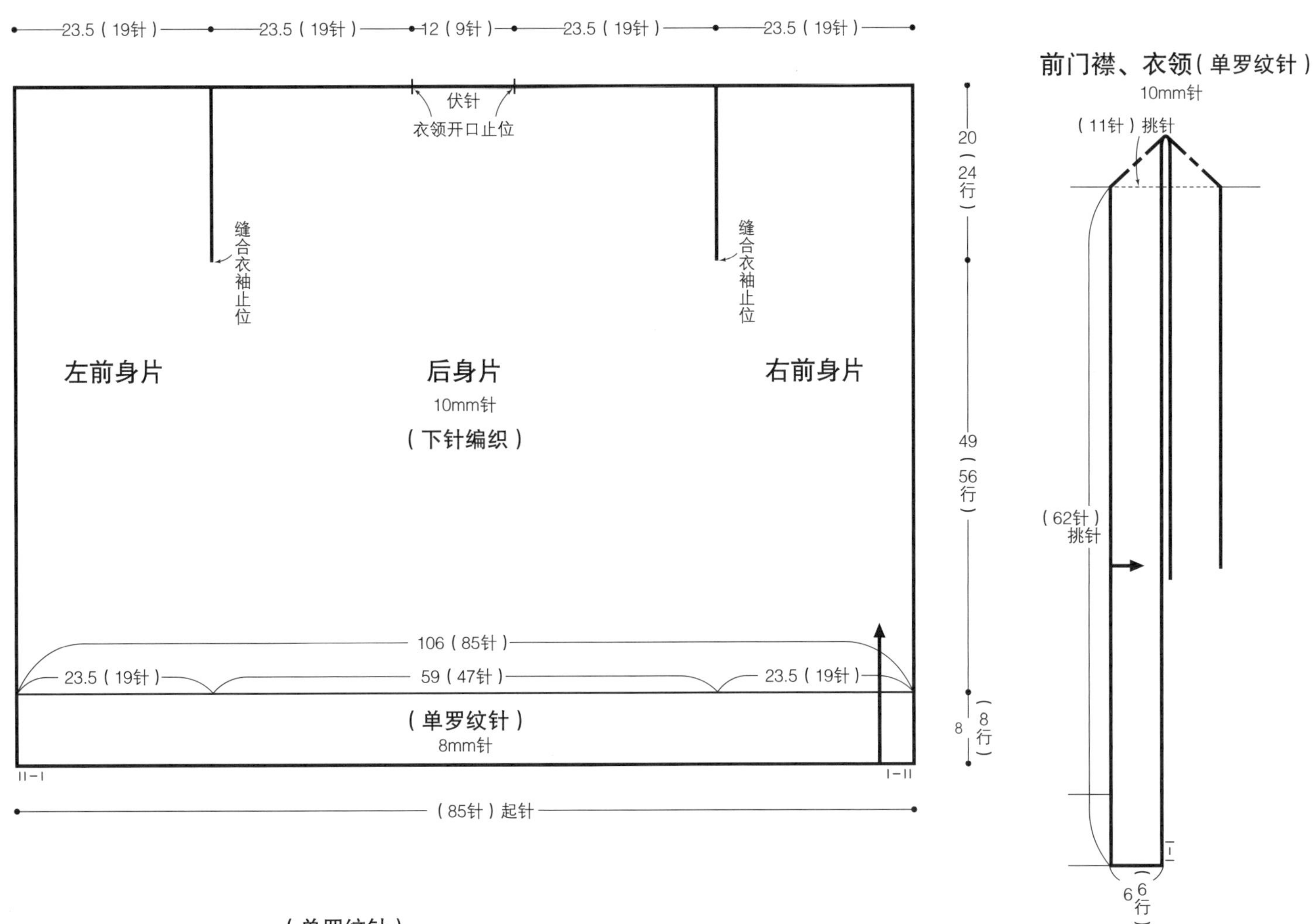

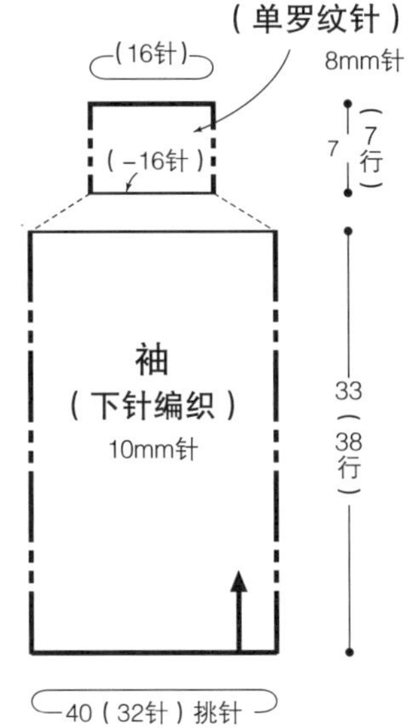

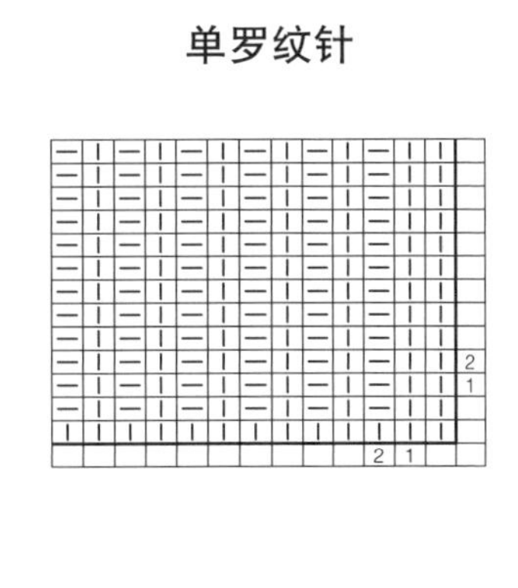

材料 内藤商事 Serenella 原色+绿色系（146）M号/740g/15团、L号/825g/17团，Brando深绿色（110）M号/30g/1团、L号/35g/1团，直径18mm的纽扣2颗

工具 钩针5/0号

成品尺寸
M号／胸围92cm，肩宽34cm，衣长53.5cm，袖长52.5cm
L号／胸围100cm，肩宽38cm，衣长55.5cm，袖长55cm

编织密度
10cm×10cm面积内：编织花样为5个花样，12行

编织要点
●**前、后身片** 锁针起针，按编织花样编织。参照图示做胁部的加、减针，编织袖窿，领窝。
●**袖** 与身片使用同样的方法编织。
●**组合** 肩部、胁、袖下钩织锁针接合。衣领，从领窝挑取针目，钩织9行编织花样。从后身片下摆、前身片下摆、前门襟、衣领周围挑取针目，钩织2行边缘编织。利用花样的洞做扣眼，在左前身片钉上纽扣。

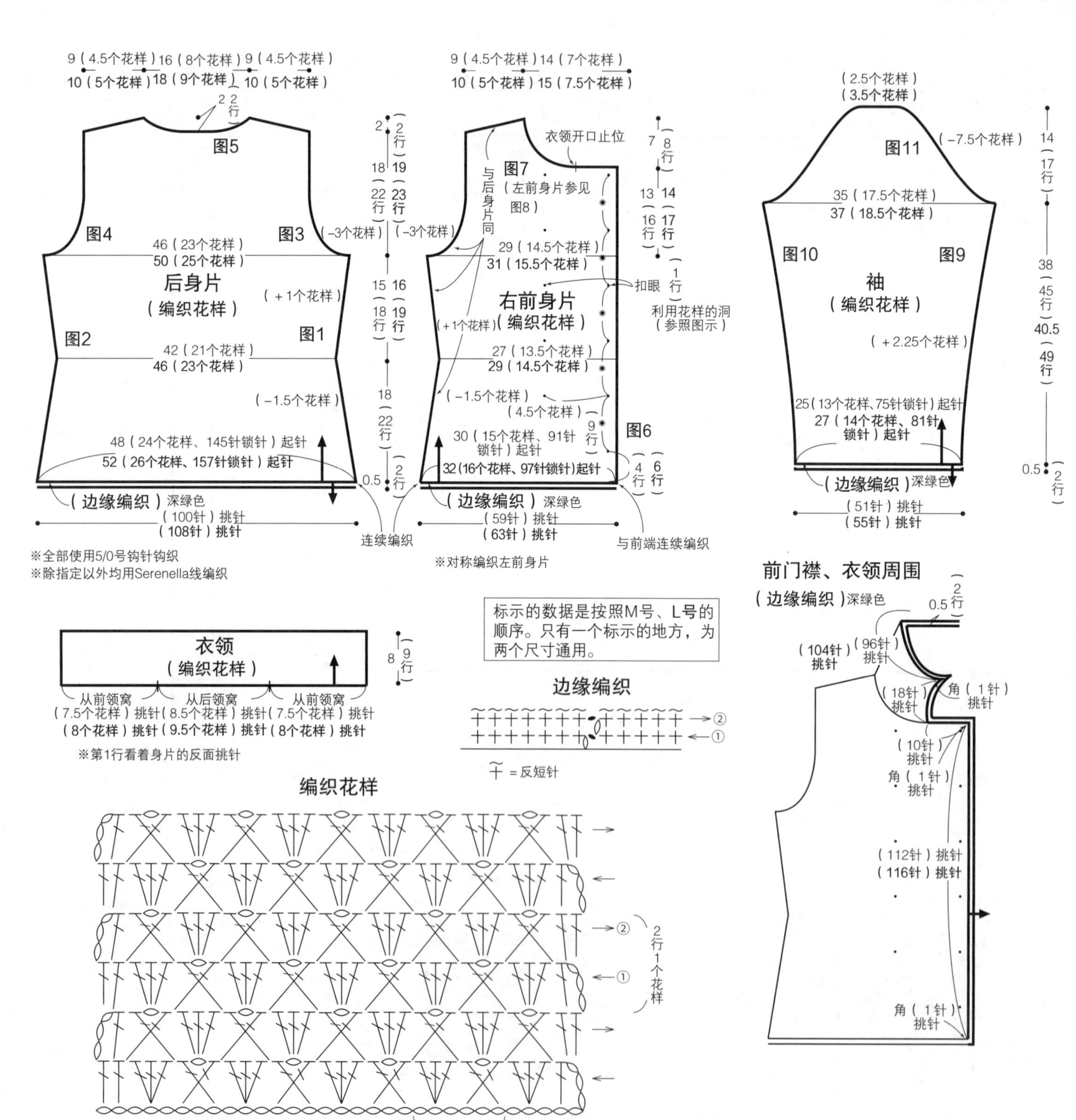

★图 1~ 图 11 参见 63~67 页

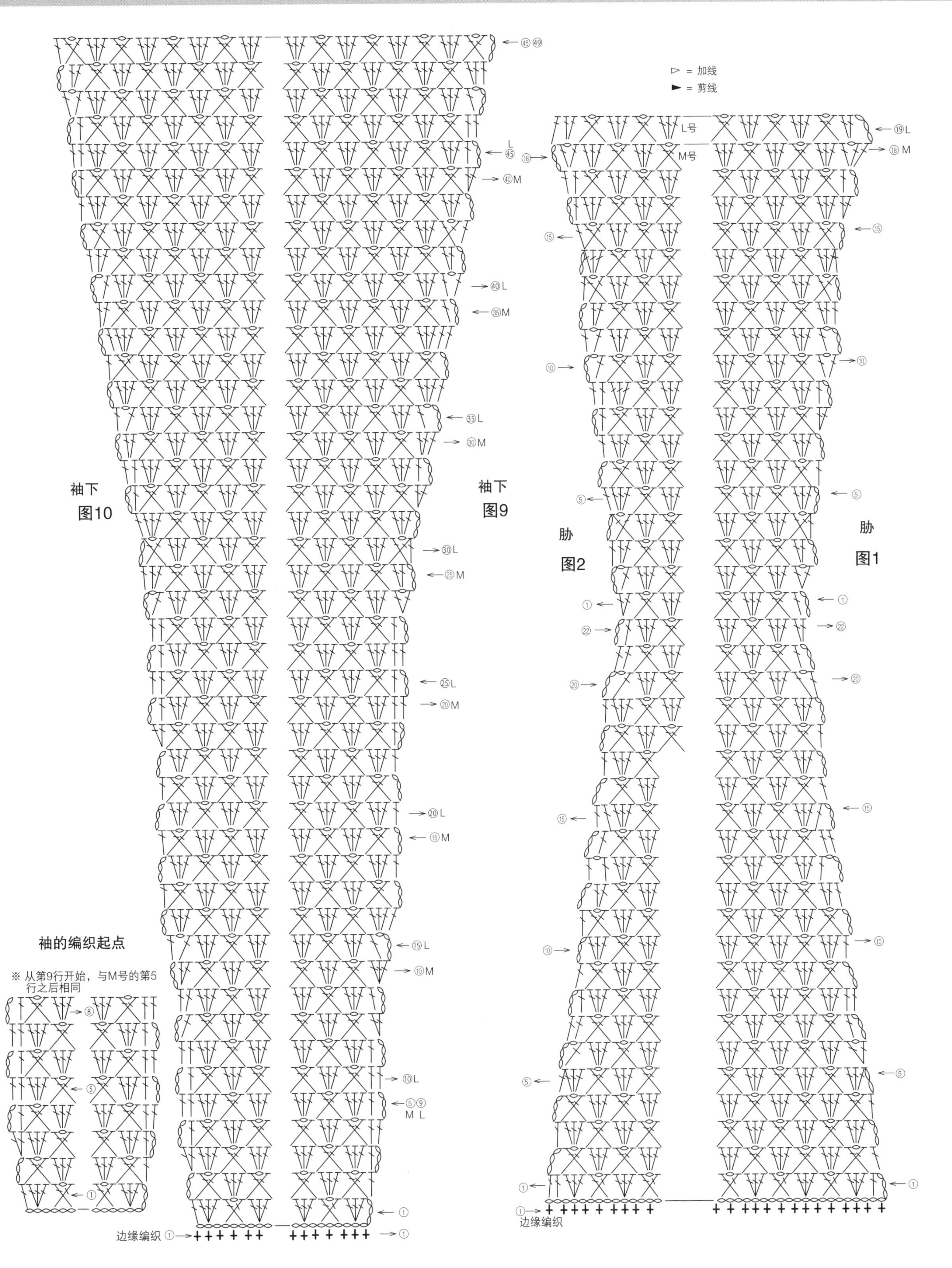
▷ = 加线
► = 剪线
袖下
图10
袖下
图9
胁
图2
胁
图1
L号
M号
袖的编织起点
※ 从第9行开始，与M号的第5行之后相同
边缘编织
边缘编织

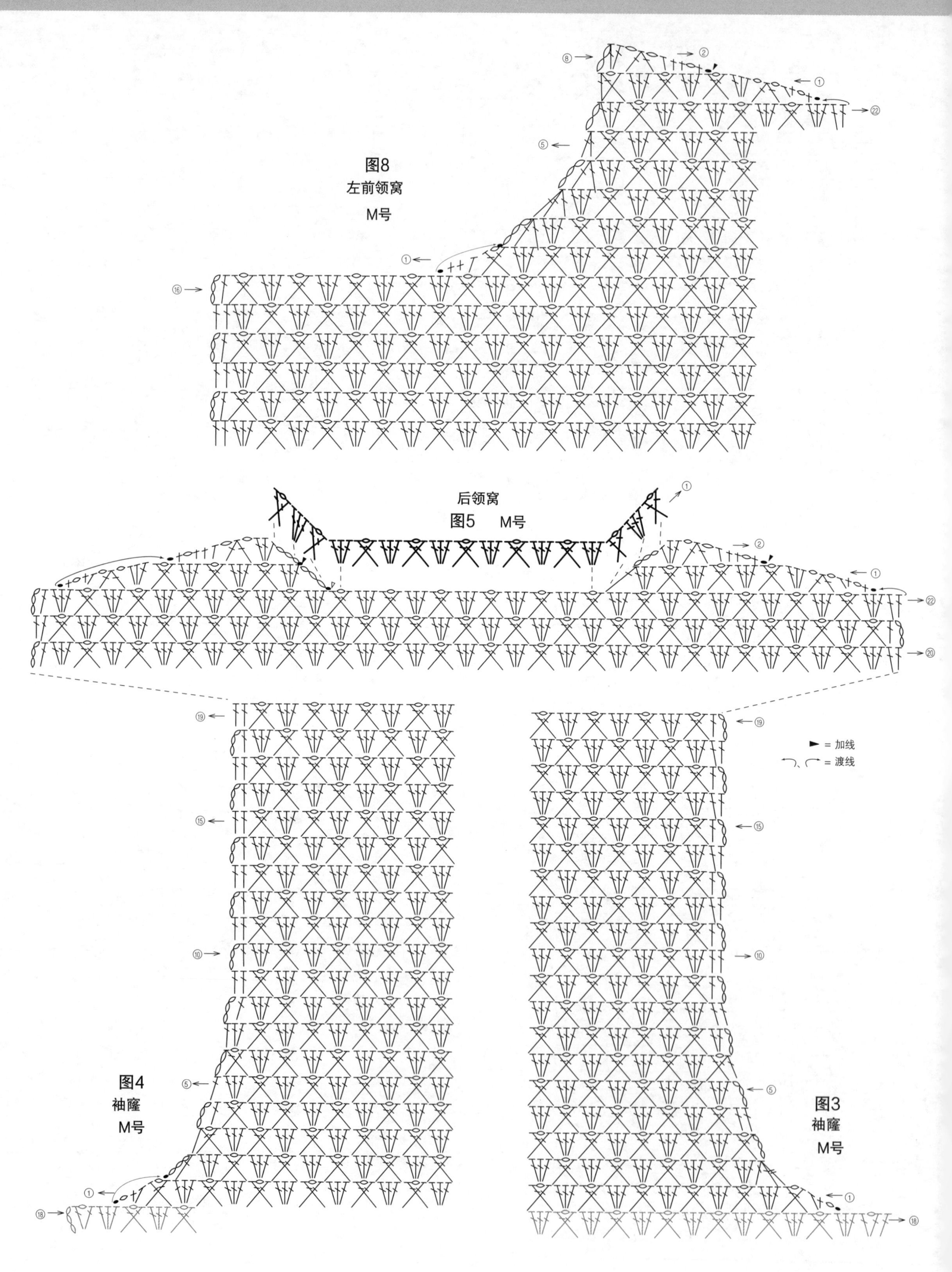

图8
左前领窝
M号
后领窝
图5 M号
► = 加线
= 渡线
图4
袖窿
M号
图3
袖窿
M号

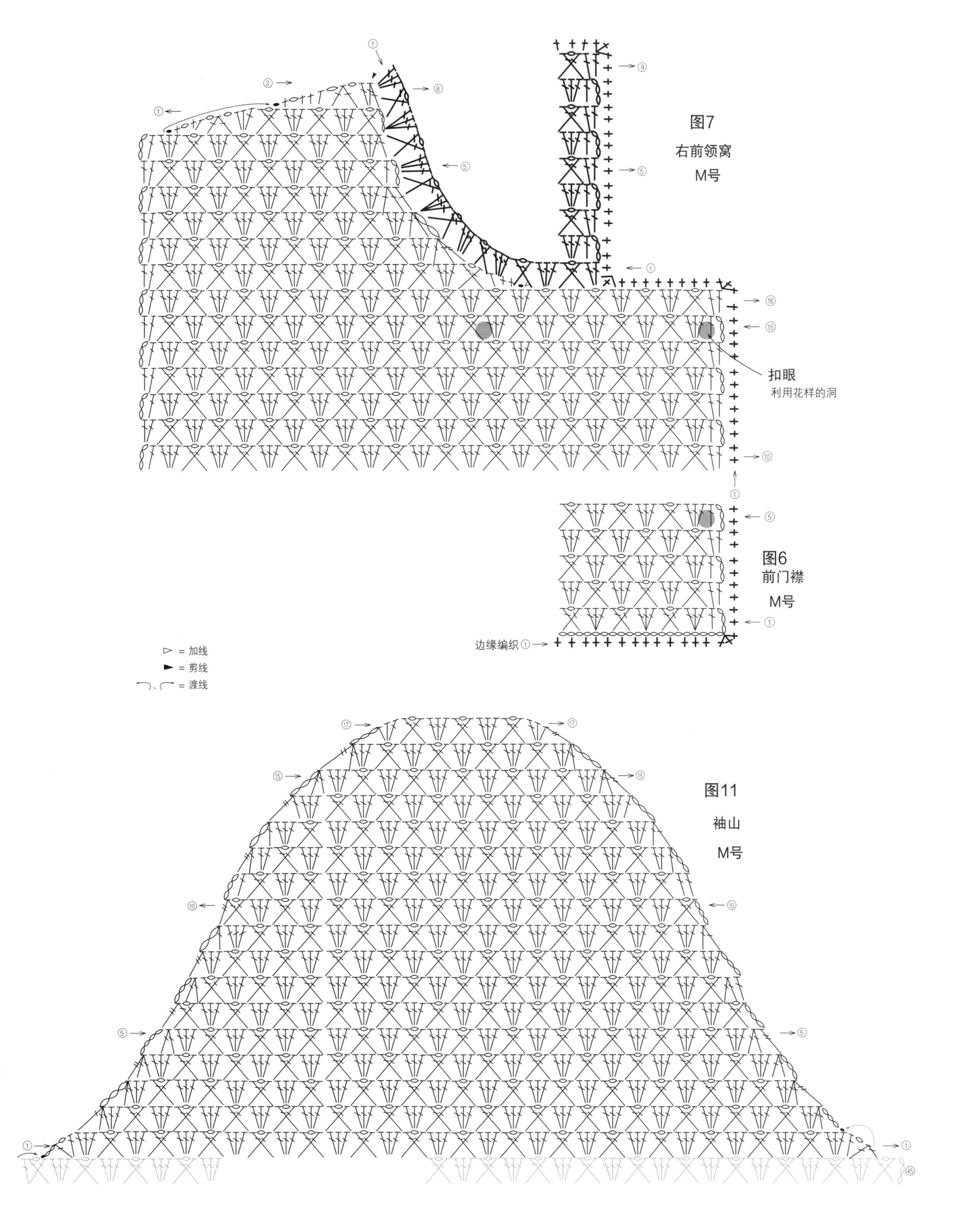
图7
右前领窝
M号
扣眼
利用花样的洞
图6
前门襟
M号
边缘编织 ①
▷ = 加线
◀ = 剪线
= 渡线
图11
袖山
M号

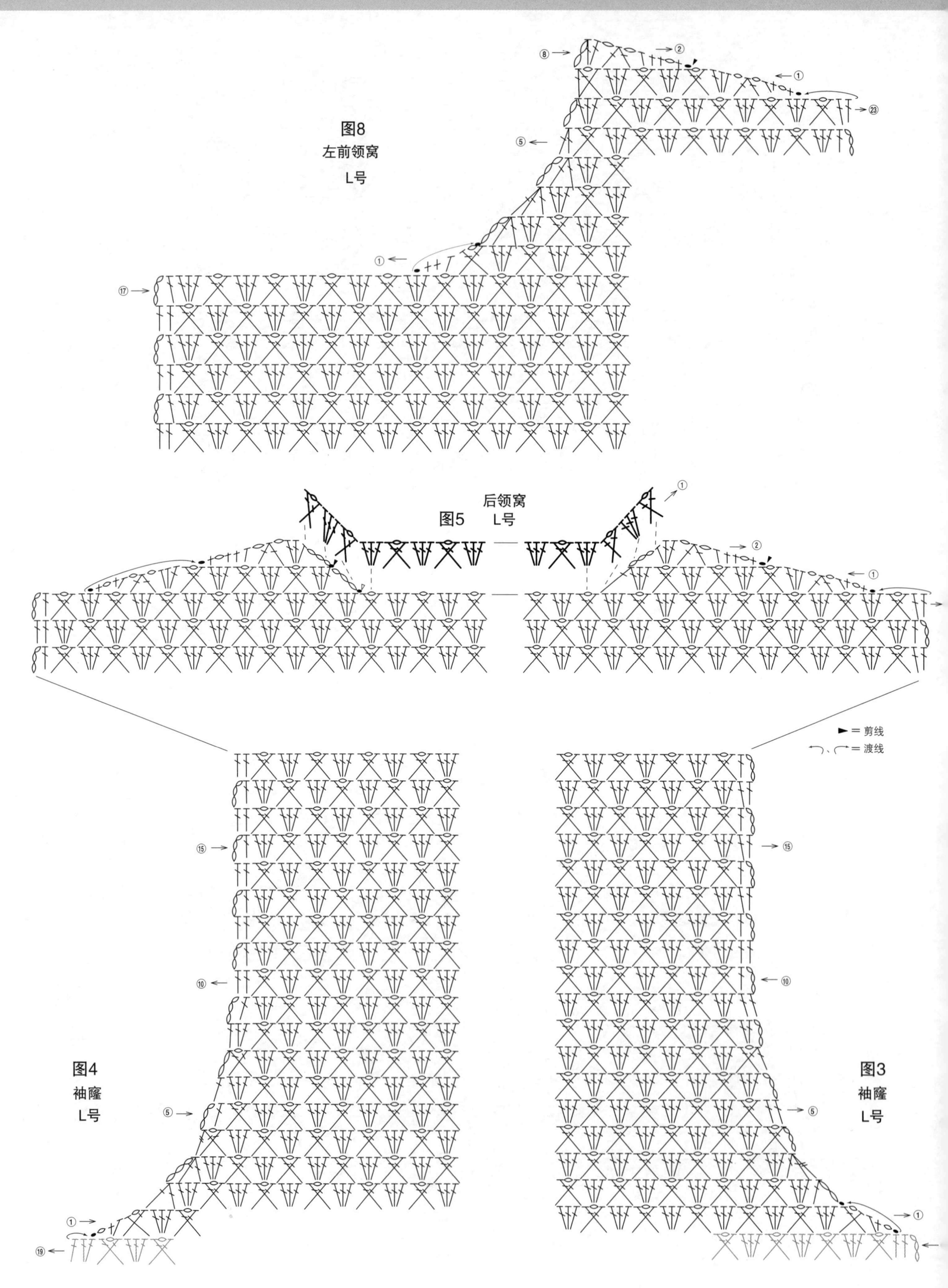
图8
左前领窝
L号
后领窝
图5 L号
►＝剪线
＝渡线
图4
袖窿
L号
图3
袖窿
L号

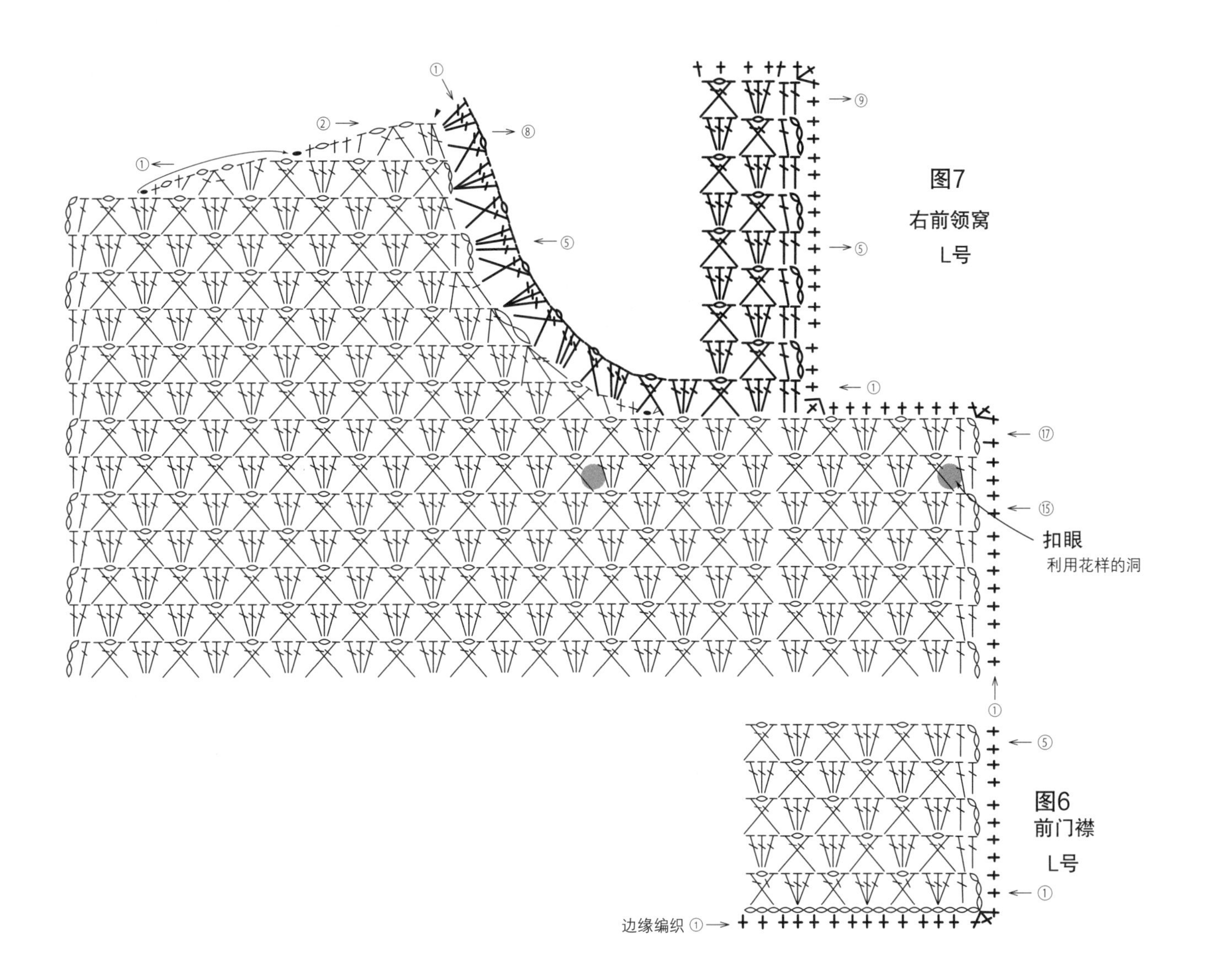
图7
右前领窝
L号
扣眼
利用花样的洞
图6
前门襟
L号
边缘编织 ①

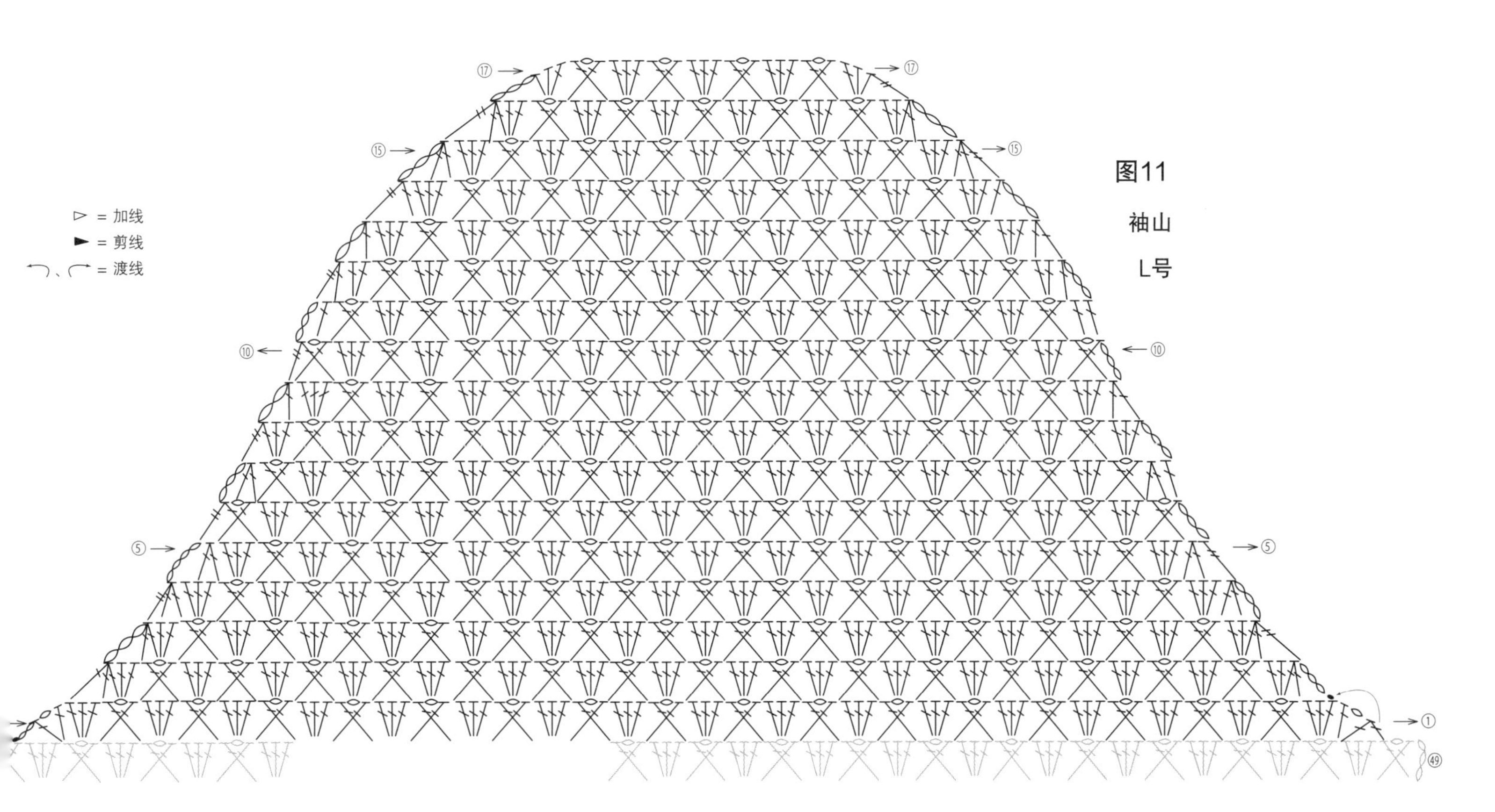
图11
袖山
L号
▷ = 加线
► = 剪线
= 渡线

材料 内藤商事 Elsa 深蓝色+黄色系段染（7405）550g/11团、直径30mm的纽扣1颗

工具 棒针8号、钩针7/0号

成品尺寸
胸围108cm，衣长68cm，连肩袖长65cm

编织密度
10cm×10cm面积内：下针编织21针，28行；编织花样12cm为33针，10cm为28行

编织要点

●**后身片** 手指起针，起100针，编织变化的罗纹针。接下来无加、减针编织下针编织。领窝处，2针及2针以上减针时，做伏针减针，1针时做立起侧边1针减针。

●**前身片** 手指起针，起70针，组合编织变化的罗纹针和编织花样。接下来将变化的罗纹针改为下针编织，编织110行。在编织花样和下针编织的交界做2针并1针的减针。肩部的针目休针备用，编织后领部分的编织花样。在第4行做留针的引返编织，在最后一行减8针。

●**袖** 与后身片使用同样的方法编织，编织终点做伏针收针。

●**组合** 肩部使用钩针引拔接合，衣领中心正面相对使用钩针引拔接合，后领窝与衣领之间使用毛线缝针做对齐针与行的缝合。对齐针与行，使用毛线缝针将袖缝合到身片上。胁、袖下使用毛线缝针挑针缝合。在图中所示的位置，使用钩针钩织上纽襻。

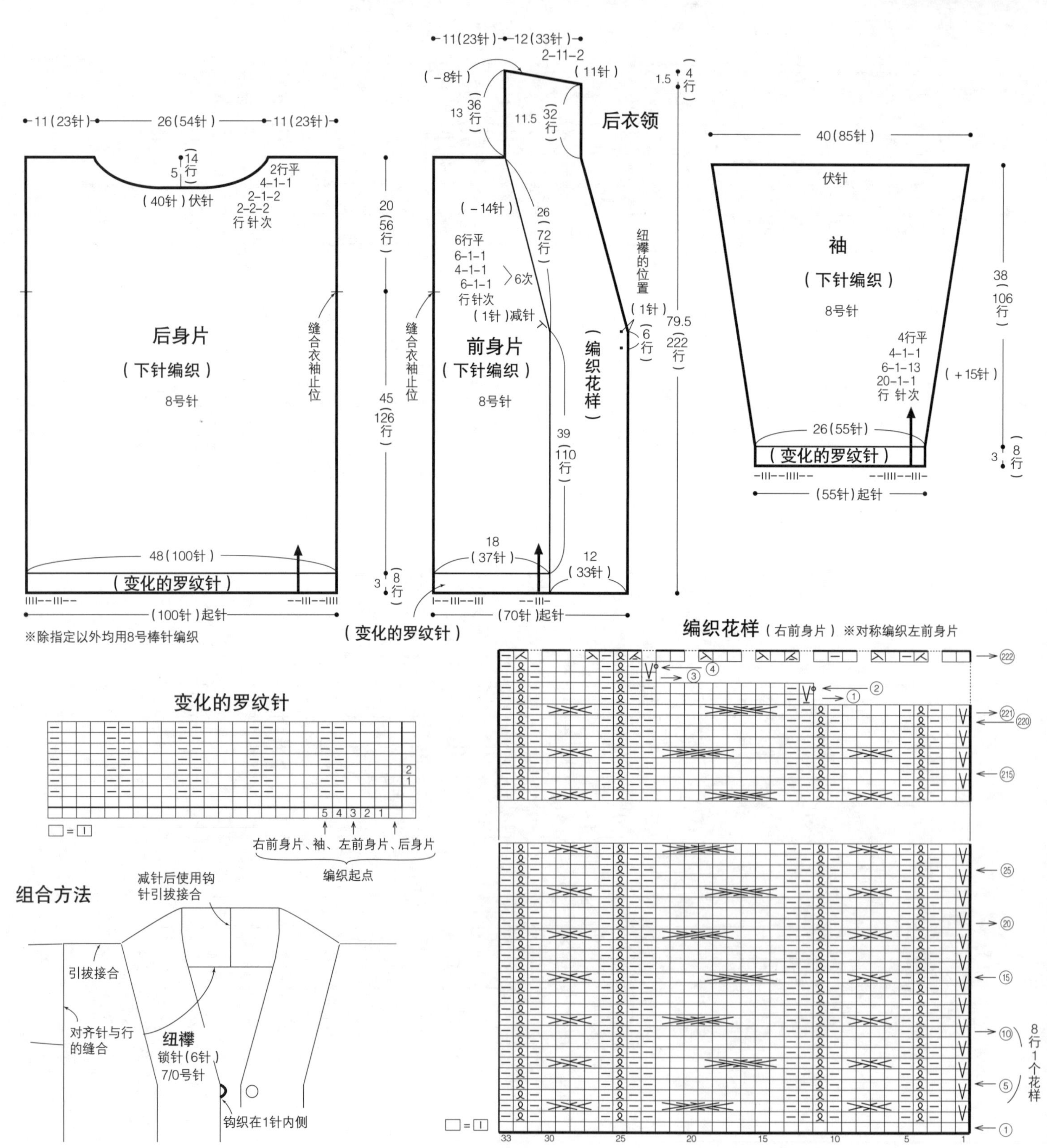

材料 内藤商事 Elsa 蓝绿色+橙色系混合（7406）380g/8团、直径23mm的纽扣1颗

工具 钩针7/0号

成品尺寸
胸围116cm，衣长70cm

编织密度
10cm×10cm面积内：编织花样A 19.5针，7.5行；花片的大小为14.5cm×14.5cm

编织要点
花片采用环形起针的方法，参照图示钩织6圈。从第2片开始，在最后1圈时钩织连接在一起。将12片花片钩织连接在一起。在花片连接的两侧各使用锁针起97针，钩织编织花样A。背部中心的15个花样、第6行的部分钩织编织花样A'，请注意。△、□的对齐标记之间，钩织锁针接合在一起。下摆挑取针目，钩织3行边缘编织A。袖口，从开口上挑取针目，环形钩织5行边缘编织B。在指定的位置钉上纽扣。利用边缘编织的花样的洞做扣眼。

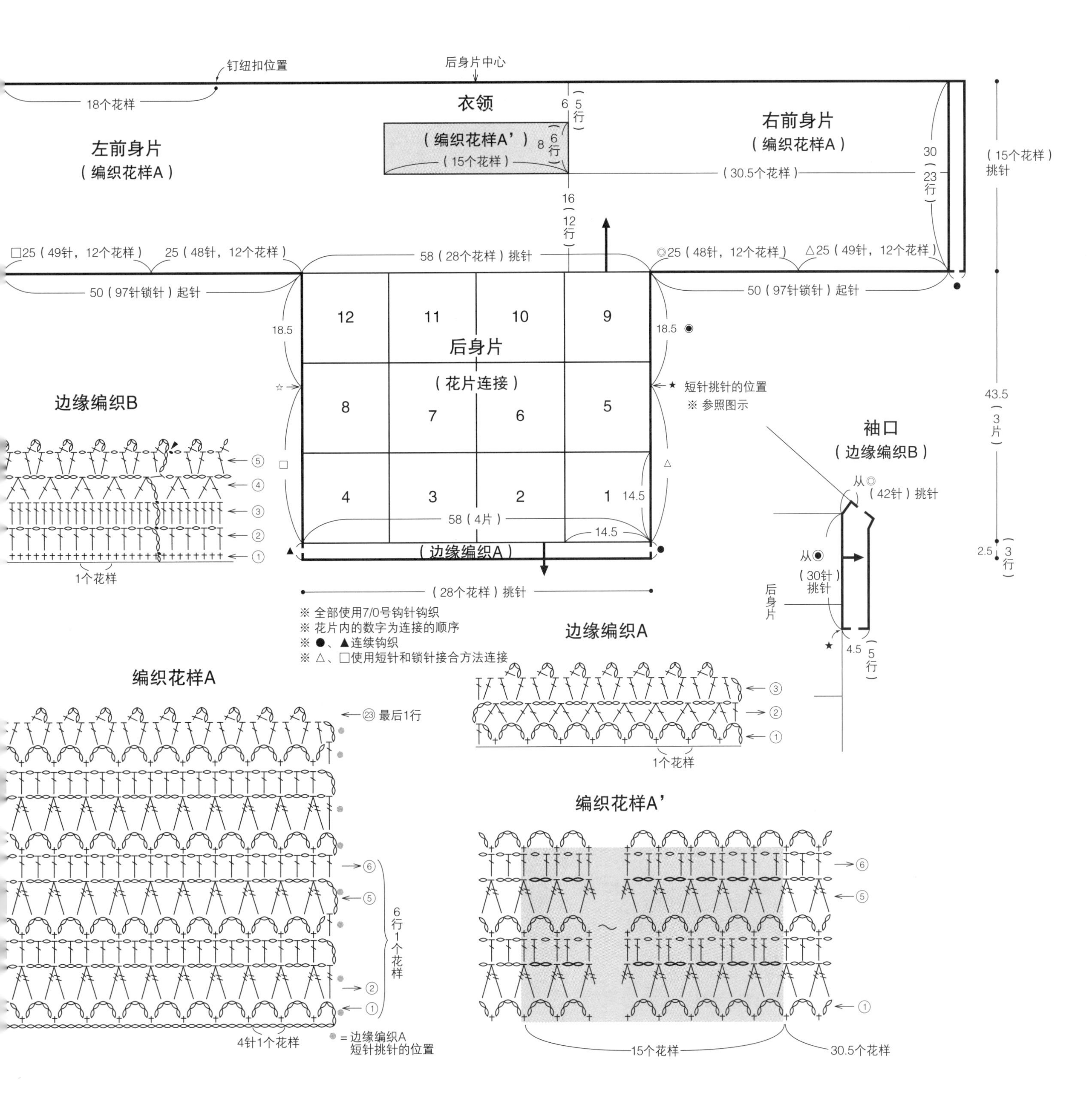

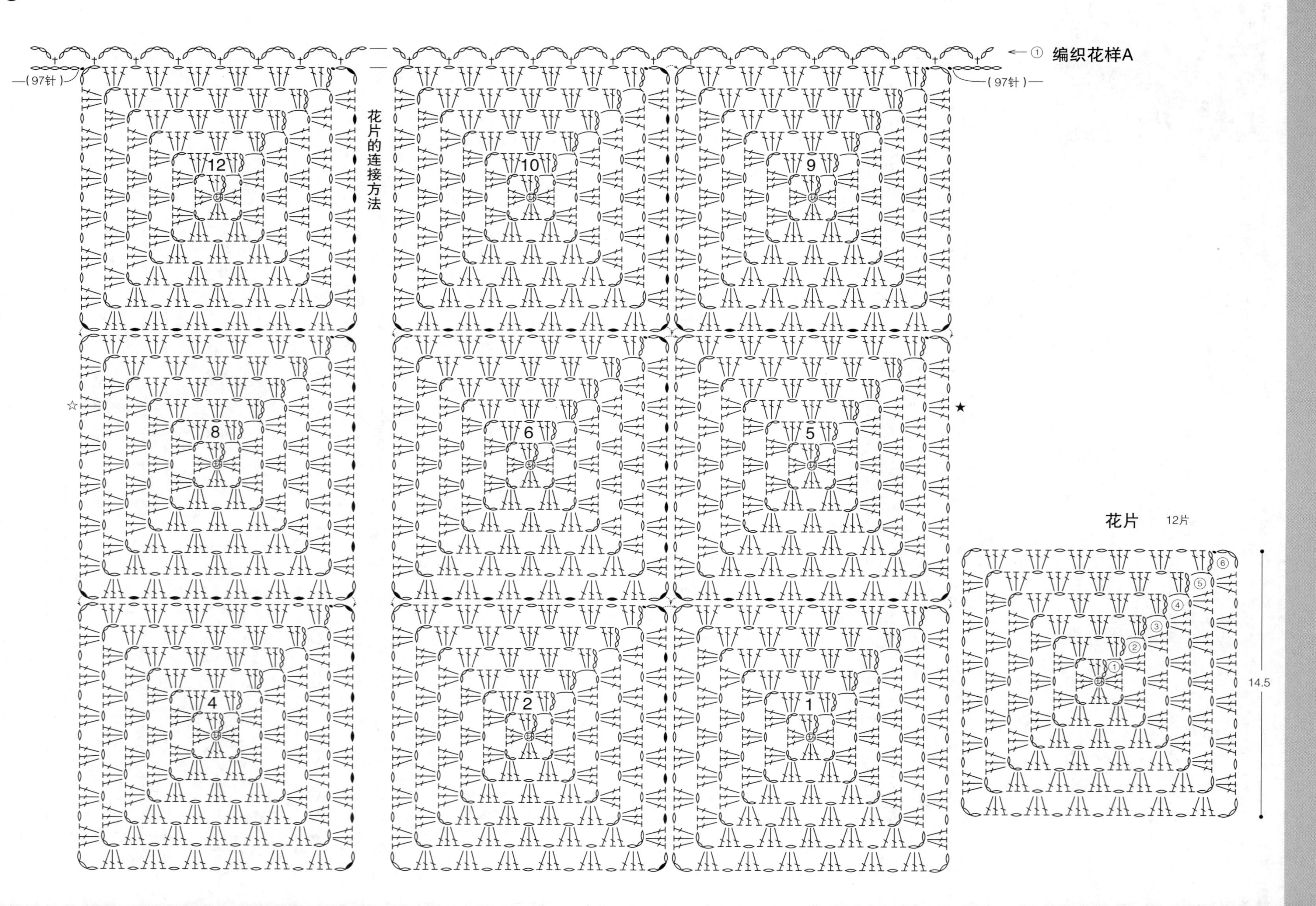

① 编织花样A
(97针)
(97针)
花片的连接方法
12
10
9
8
6
5
4
2
1
☆
★
花片 12片
⑥
⑤
④
③
②
①
14.5

材料 内藤商事 Caty Tweed 亮灰色（8）M号/375g/10团，L号/420g/11团，Ecuador 灰色混合（112）M号/65g/2团，L号/70g/2团

工具 阿富汗针15号

成品尺寸
M号/胸围108cm，衣长73cm，连肩袖长32.5cm
L号/胸围119cm，衣长73cm，连肩袖长35cm

编织密度
10cm×10cm面积内：平针的阿富汗针编织条纹、桂花针的阿富汗针编织条纹均为15针，11行

编织要点
●**后身片** 锁针起针，编织11行桂花针的阿富汗针编织条纹花样。接下来参照图示，在换色的同时，编织平针的阿富汗针编织条纹花样。花样换为平针的阿富汗针编织时，起12针锁针作为衣袖的部分，增加的部分编织桂花针的阿富汗针编织。在后身片中央组合编织桂花针的阿富汗针编织。编织终点做引拔针收针。
●**前身片** 锁针起针，编织11行桂花针的阿富汗针编织条纹花样。接下来参照图示组合编织桂花针的阿富汗针编织和平针的阿富汗针编织条纹花样。衣袖部分与后身片相同。
●**组合** 将肩部对齐，使用毛线缝针挑针缝合。胁使用毛线缝针挑针缝合。具体方法参照第21、23页。

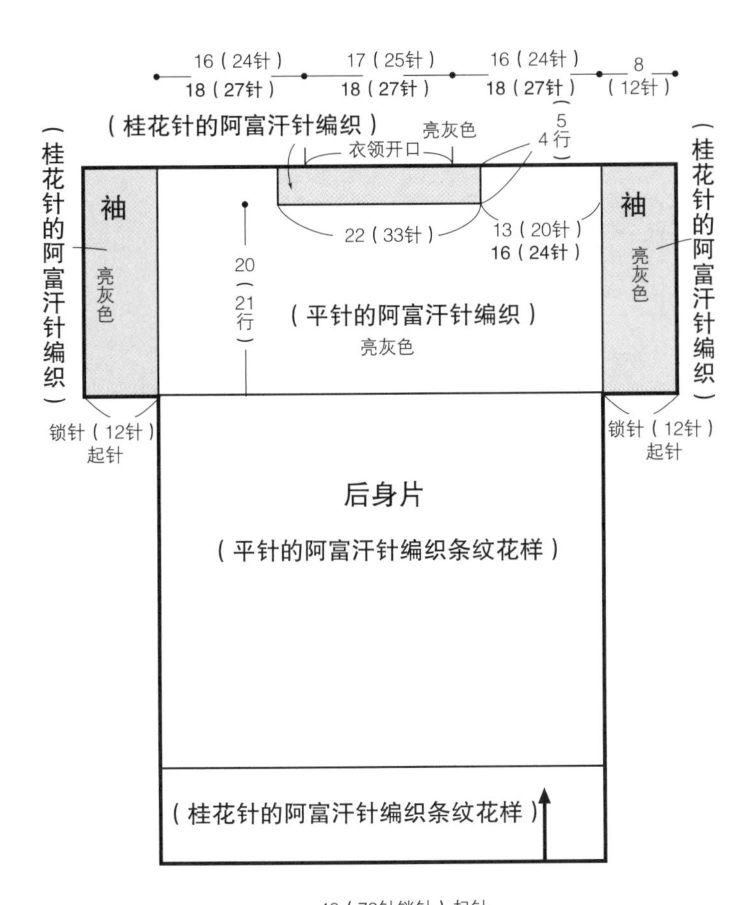

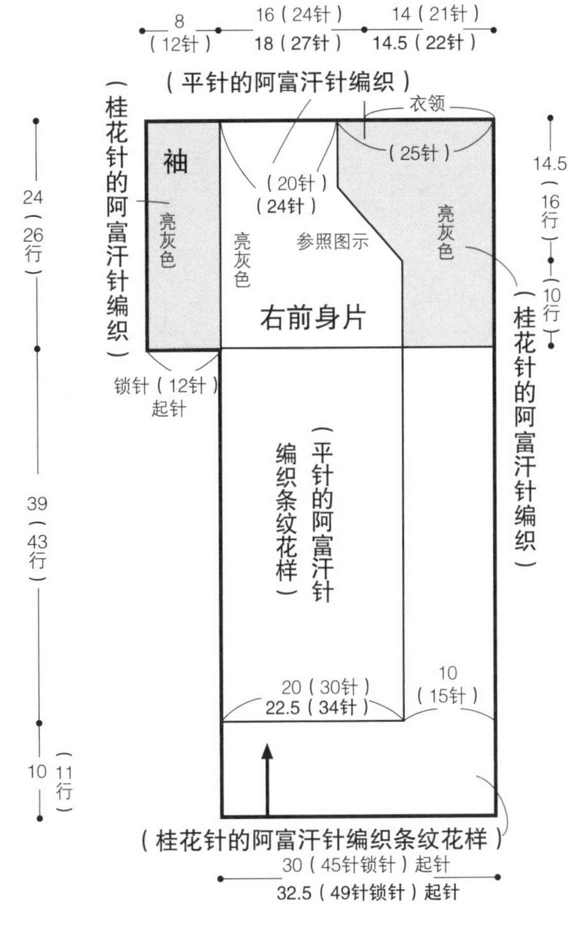

※全部使用15号阿富汗针编织
※条纹花样使用的是在左端换线的条纹花样的编织方法（参见23页）

标示的数据是按照M号、L号的顺序。只有一个标示的地方，为两个尺寸通用。

※对称编织左前身片

平针的阿富汗针编织

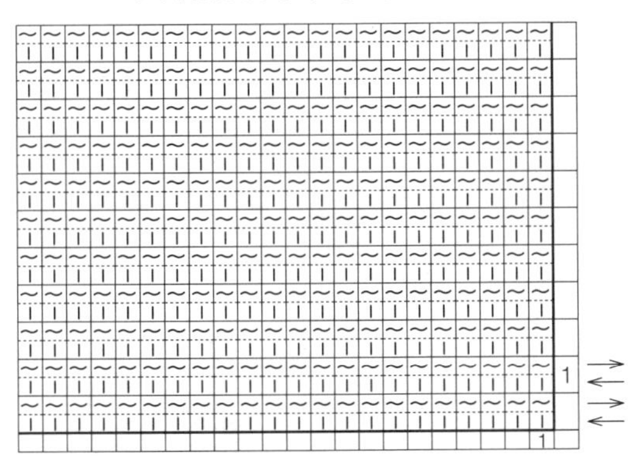

※编织方法参见21页

桂花针的阿富汗针编织

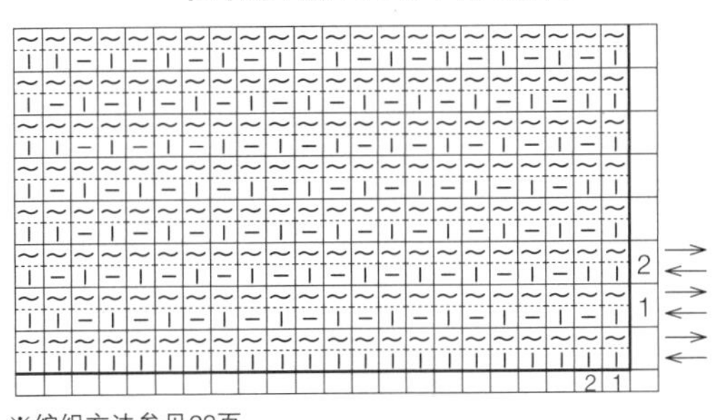

※编织方法参见23页

右前身片

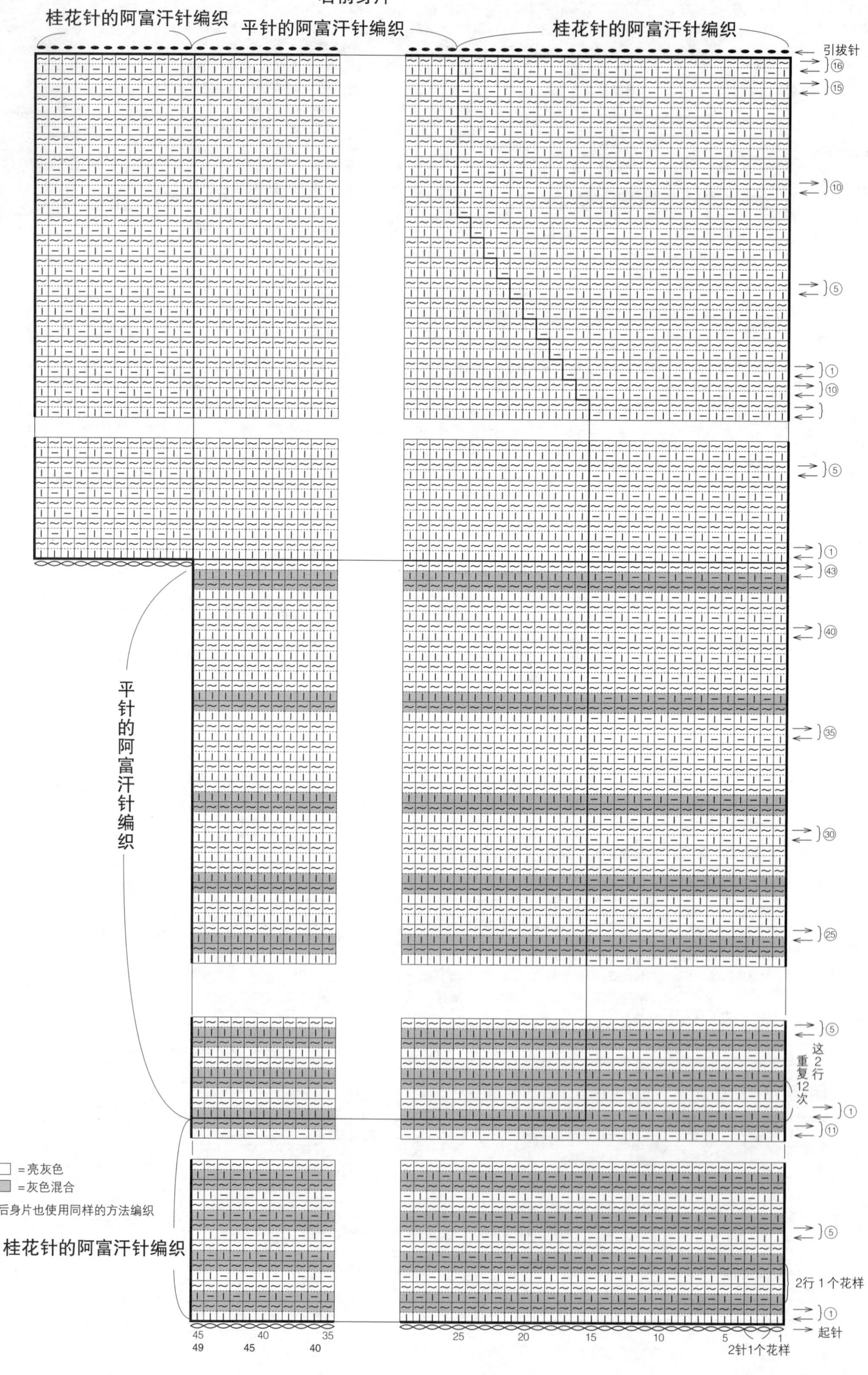

桂花针的阿富汗针编织

平针的阿富汗针编织

桂花针的阿富汗针编织

引拔针

⑯ ⑮ ⑩ ⑤ ① ⑩ ⑤ ① ㊸ ㊵ ㉟ ㉚ ㉕ ⑤

这2行重复12次

① ⑪ ⑤

2行1个花样

①

起针

平针的阿富汗针编织

配色 { □ =亮灰色 ■ =灰色混合

※后身片也使用同样的方法编织

桂花针的阿富汗针编织

45 40 35 25 20 15 10 5 1

49 45 40

2针1个花样

材料 Ski World Selection Ruben 蓝色、灰色系混合（1236）M号/265g/7团、L号/300g/8团，蓝色、绿色系混合（1237）M号/110g/3团、L号/120g/3团，米色、绿色系混合（1232）M号/40g/1团、L号/45g/2团，直径28mm的纽扣4颗

工具 棒针7号、6号、5号

成品尺寸
M号／胸围99.5cm，肩宽41cm，衣长55.5cm，袖长52cm
L号／胸围107.5cm，肩宽45cm，衣长58.5cm，袖长54cm

编织密度
10cm×10cm面积内：下针编织19.5针，28行

编织要点
●**后身片、袖** 另线锁针起针，做下针编织。2针及2针以上减针时，做伏针减针。
●**前身片** 与后身片使用同样的方法起针开始编织。配色花样采用纵向渡线的方法，改变配色的同时编织各自的花样。2针及2针以上减针时，做伏针减针，1针时做立起侧边1针减针。
●**组合** 袖口的条纹花样A使用7号棒针，2根线并为1股编织。肩部做盖针接合，胁、袖下使用毛线缝针挑针缝合。前、后下摆拆开另线锁针，挑取针目，编织起伏针条纹A。编织终点做伏针收针。从前侧边挑取针目，在编织右前门襟的同时编织扣眼。衣领挑取针目后，编织起伏针的引返编织，接下来采用横向渡线的方法编织配色花样B。编织终点使用各自颜色的线做伏针收针。使用钩针将衣袖引拔接合到身片上。

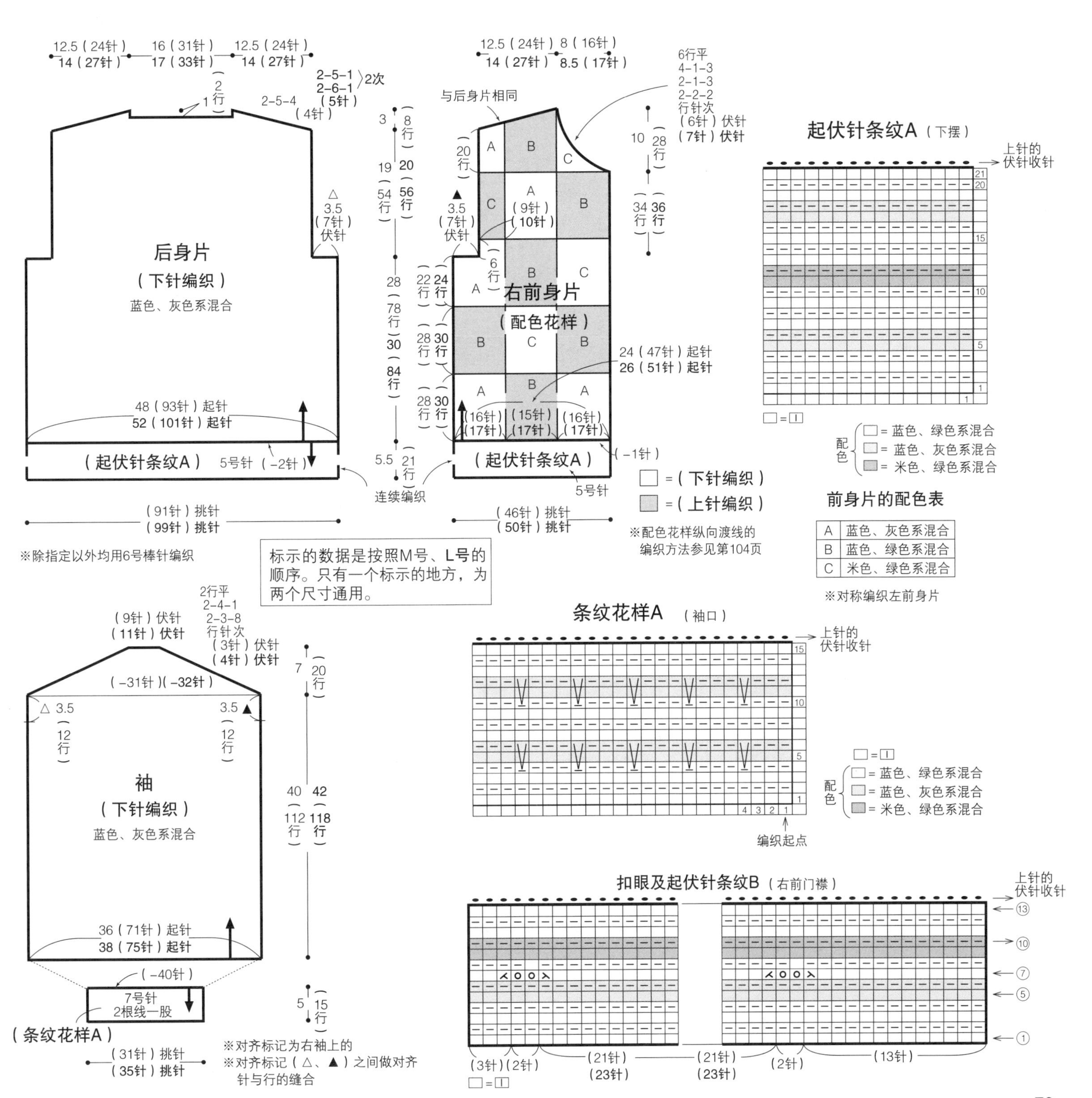

A	蓝色、灰色系混合
B	蓝色、绿色系混合
C	米色、绿色系混合

配色：□ = 蓝色、绿色系混合；▨ = 蓝色、灰色系混合；▩ = 米色、绿色系混合

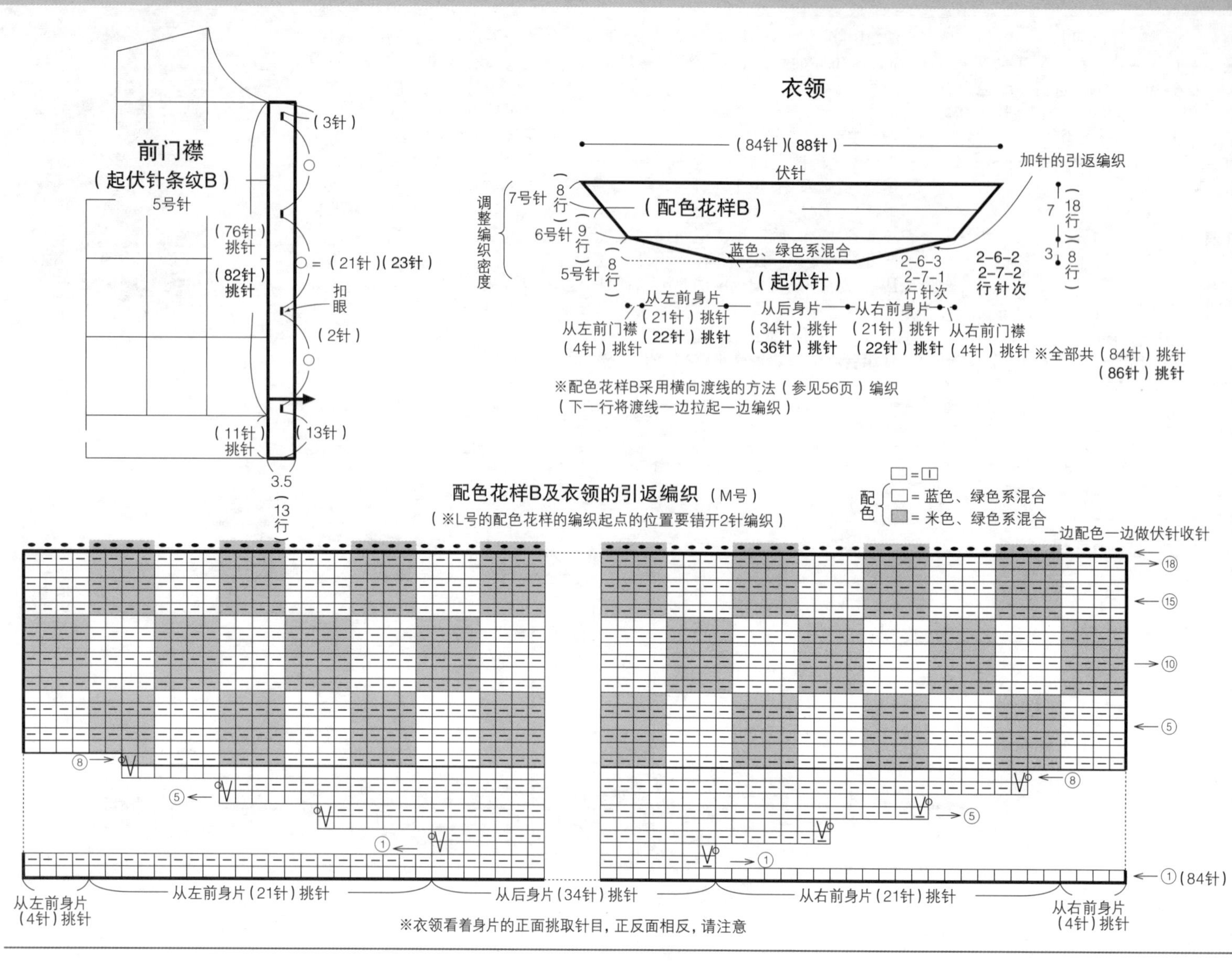
前门襟
（起伏针条纹B）
5号针
（3针）
（76针）挑针
（82针）挑针
=（21针）（23针）
扣眼
（2针）
（11针）挑针
（13针）
3.5（13行）
衣领
（84针）（88针）
伏针
（配色花样B）
蓝色、绿色系混合
（起伏针）
加针的引返编织
调整编织密度
7号针 8行
6号针 9行
5号针 8行
2-6-3
2-7-1
行针次
2-6-2
2-7-2
行针次
7（18行）
3（8行）
从左前身片（21针）挑针（22针）挑针
从左前门襟（4针）挑针
从后身片（34针）挑针（36针）挑针
从右前身片（21针）挑针（22针）挑针
从右前门襟（4针）挑针
※全部共（84针）挑针（86针）挑针
※配色花样B采用横向渡线的方法（参见56页）编织
（下一行将渡线一边拉起一边编织）
配色花样B及衣领的引返编织（M号）
（※L号的配色花样的编织起点的位置要错开2针编织）
配色
= 蓝色、绿色系混合
= 米色、绿色系混合
一边配色一边做伏针收针
①（84针）
从左前身片（4针）挑针
从左前身片（21针）挑针
从后身片（34针）挑针
从右前身片（21针）挑针
从右前身片（4针）挑针
※衣领看着身片的正面挑取针目，正反面相反，请注意

20 ★接 76 页

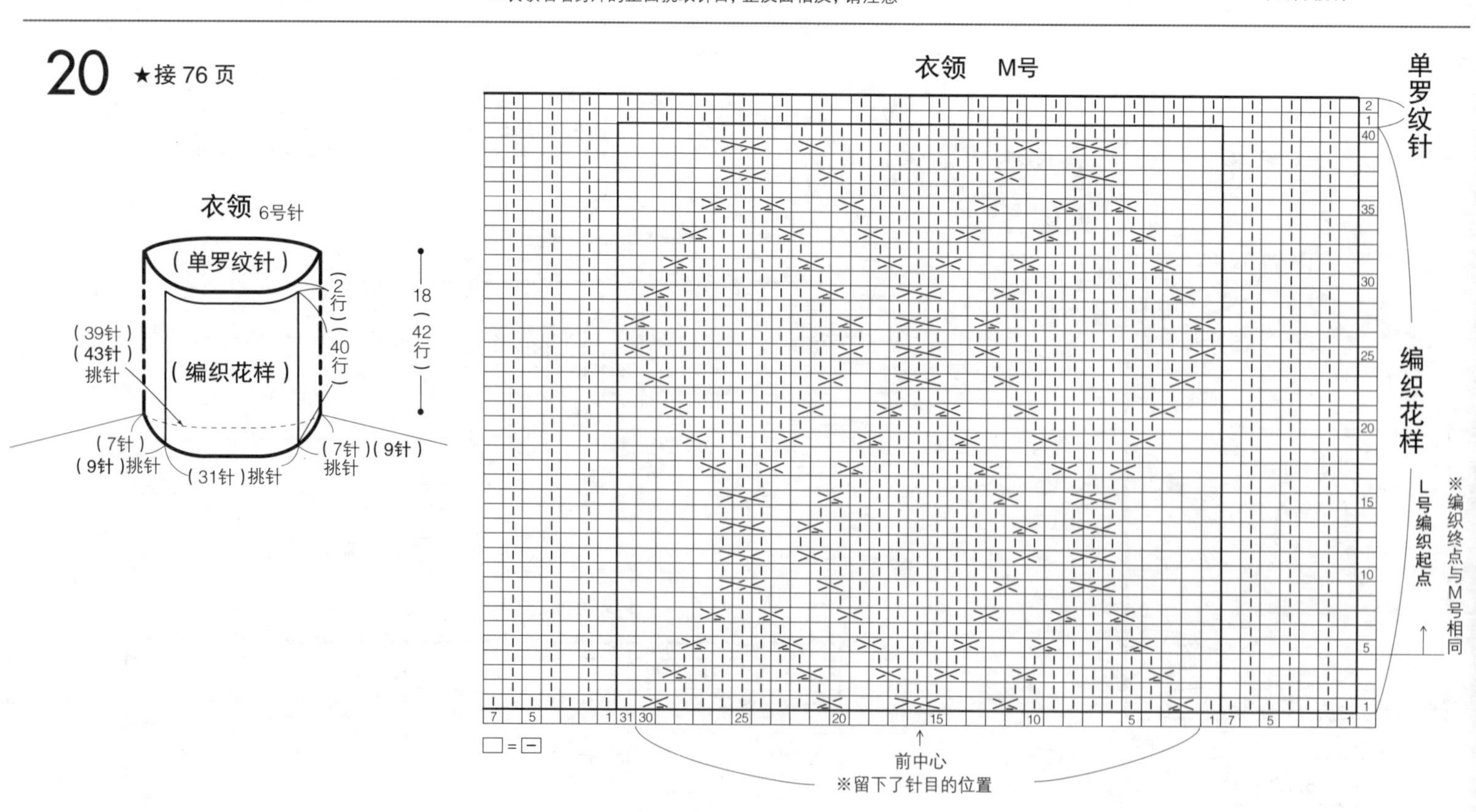
衣领 6号针
（单罗纹针）
（编织花样）
（39针）（43针）挑针
2行
40行
18（42行）
（7针）（9针）挑针
（31针）挑针
（7针）（9针）挑针
衣领 M号
单罗纹针
编织花样
L号编织起点
※编织终点与M号相同
前中心
※留下了针目的位置

材料 内藤商事 Elsa 深绿色系段染（7409）375g/8团

工具 阿富汗针12号、钩针10/0号

成品尺寸
胸围90cm，宽80cm，衣长63cm（实际测量）

编织密度
10cm×10cm面积内：平针的阿富汗针编织16针，12行

编织要点
共线锁针起针，起97针，无加、减针编织72行。图中分段的部分分别用线做上记号。编织2片相同的织片。将2片织片反面相对，☆与☆、★与★之间使用毛线缝针挑针缝合。具体做法参照第23页。参照图示，制作流苏。在领尖缝上锁针的圆圈，再在其顶端缝上流苏。

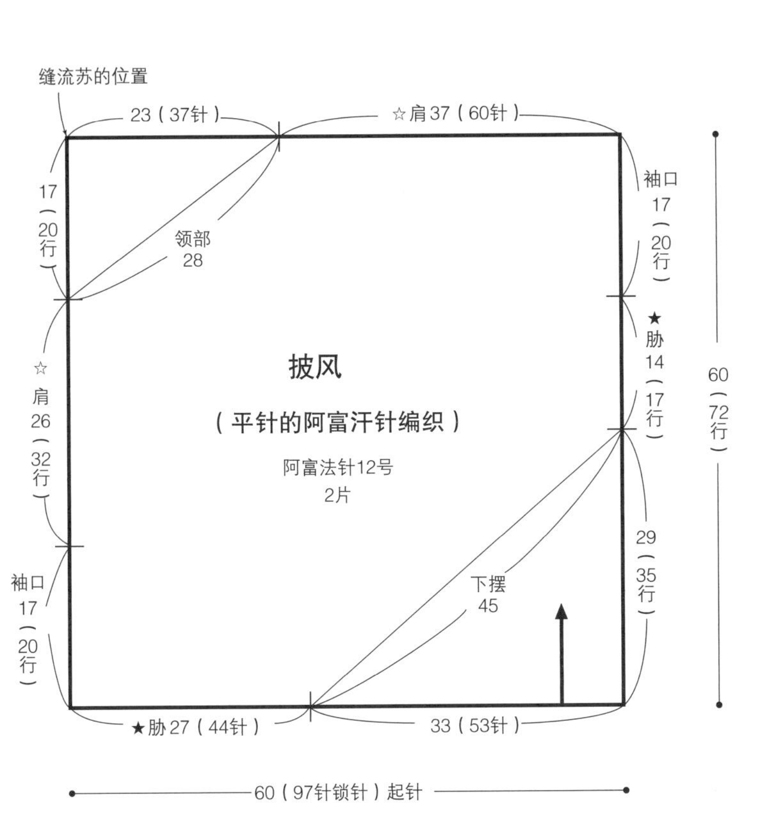

※在各个的分段的部分做上记号备用（第2片的对齐标记在对称的位置）

※★☆部分将2片织片反面相对使用毛线缝针挑针缝合（参见21、23页）

组合方法

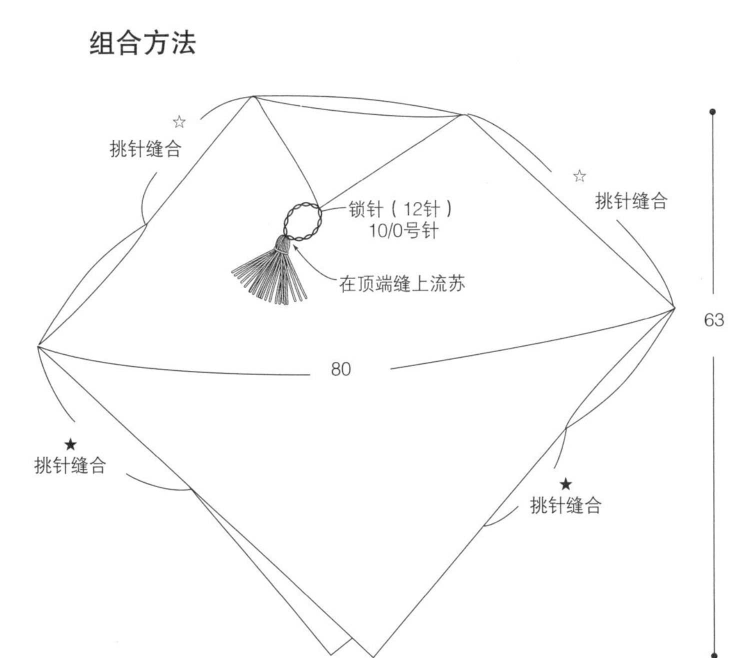

平针的阿富汗针编织

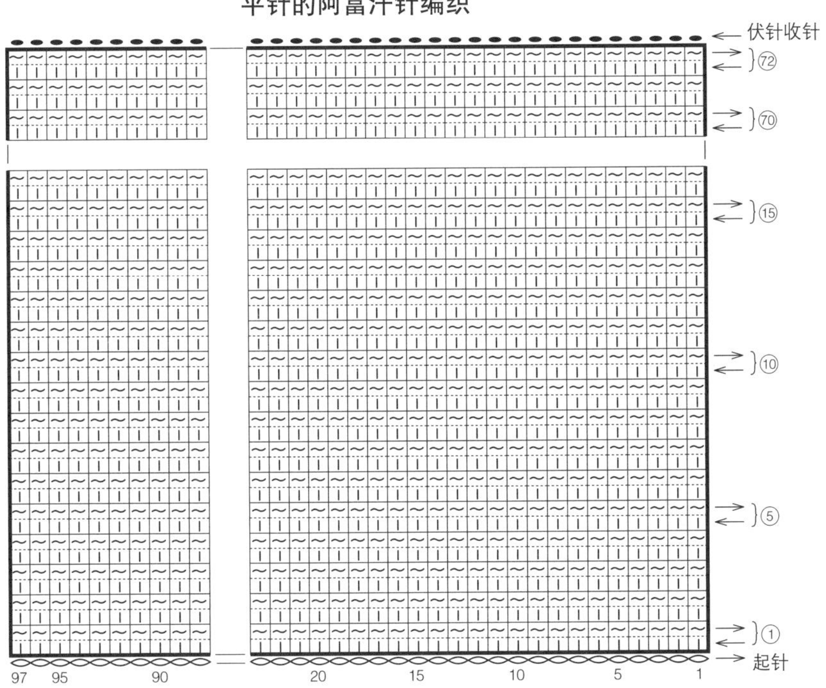

流苏的制作方法

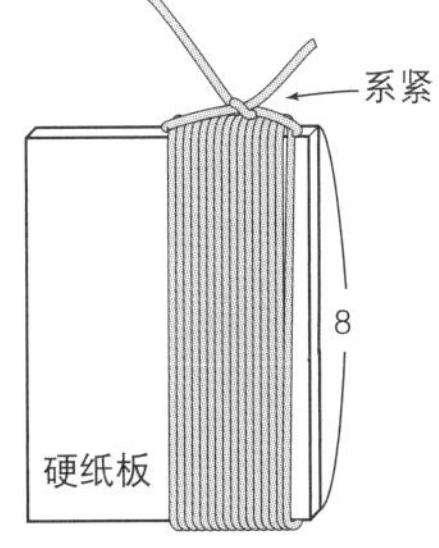

参照图示将线在硬纸板上绕40圈，在中央的位置将线系紧后打结，将线从硬纸板上拿下来。

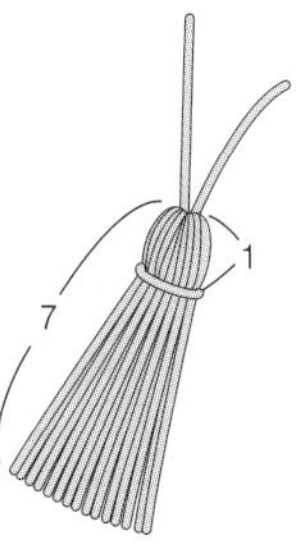

从打结的位置对折，在距顶端1cm的位置再系上线并打结。将线头剪齐，完成。

材料 Ski UK BlendMelange 深藏青色（8018）M号/400g/10团、L号/450g/12团

工具 棒针8号、6号

成品尺寸

M号 / 胸围104cm，衣长61cm，连肩袖长31cm

L号 / 胸围114cm，衣长63cm，连肩袖长33.5cm

编织密度

10cm×10cm面积内：编织花样17.5针，22行

编织要点

●**身片** 手指起针，从单罗纹针开始编织。接下来，到袖窿开口为止，按编织花样无加、减针编织。袖口的加针，在身片一侧的1针内侧编织扭针加针，后领窝编织伏针，前领窝中央的针目休针，2针及2针以上减针时，做伏针减针，1针时做立起侧边1针减针。

●**组合** 肩部做盖针接合，胁、袖下使用毛线缝针挑针缝合。从领窝挑取针目，衣领的前面接着花样编织。除此之外的针目编织单罗纹针。最后2行，所有的针目均编织单罗纹针，编织终点做单罗纹针收针。

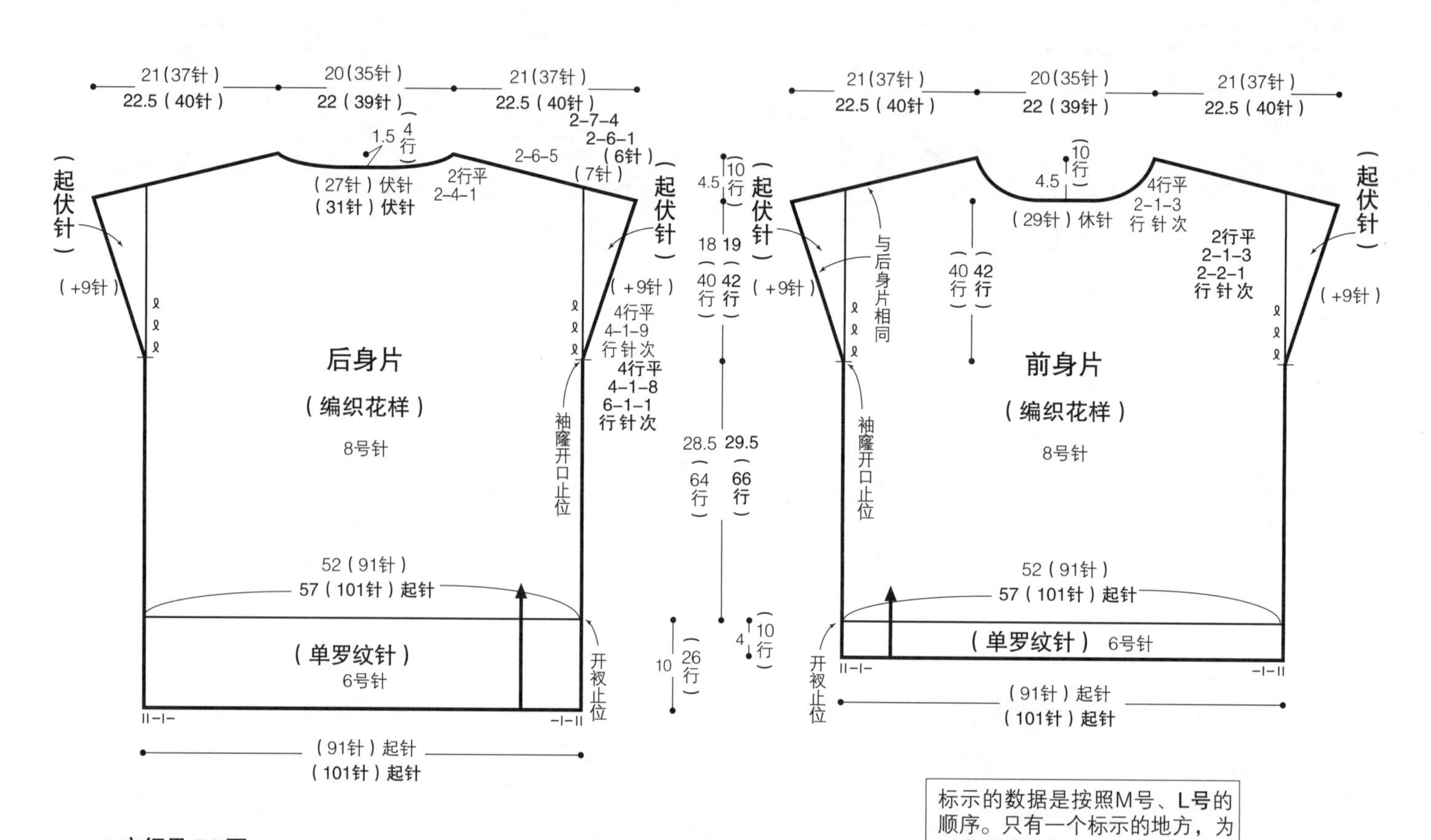

标示的数据是按照M号、L号的顺序。只有一个标示的地方，为两个尺寸通用。

★衣领见 74 页

编织花样

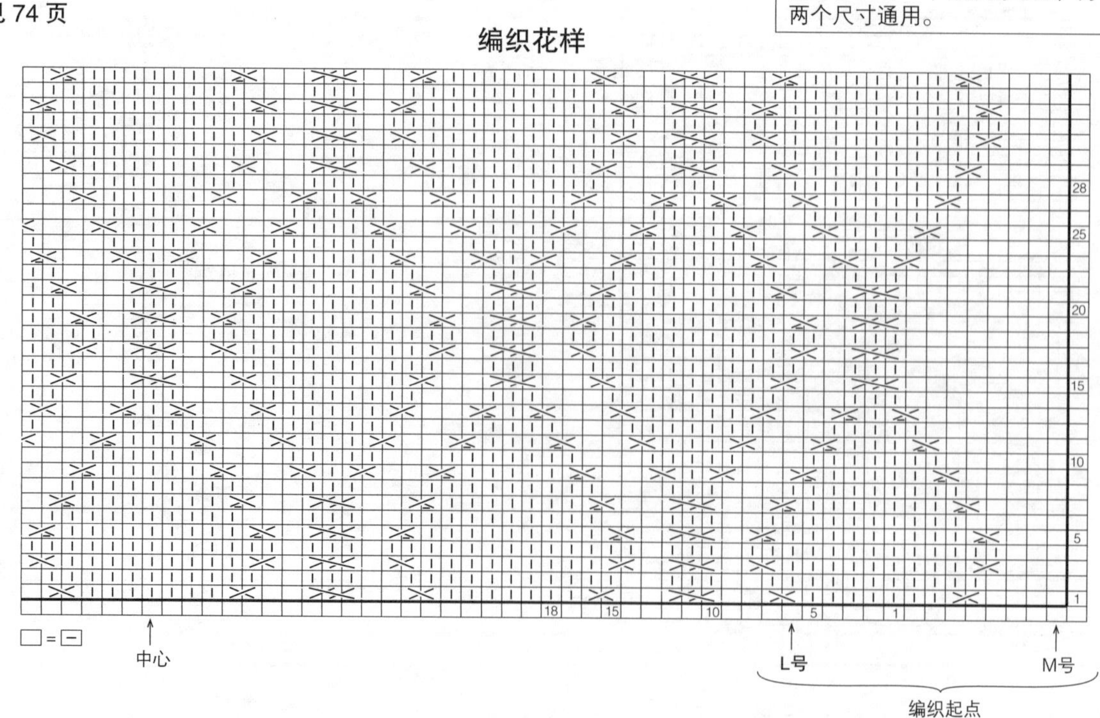

材料 Ski World Selection Ruben 米色系混合（1231）125g/4团，蓝色、绿色系混合（1237）90g/3团，蓝色、灰色系混合（1236）、茶色系混合（1238）各40g/各1团，Ski Fantasia Norn原色（3201）15g/1团，Jasmine Bag Point（提手）（2227）1组，内袋布100cm×30cm，底板16cm×26cm1片

工具 钩针8/0号

成品尺寸
宽27cm，侧片17cm，包深19cm

编织密度
10cm×10cm面积内：短针的圆环针13.5针，12.5行

编织要点
锁针起针，起12针，参照图示，改变配色的同时，钩织短针的圆环针。圆环的长度约为2根手指的一圈。提手的织片与主体的织片之间使用毛线缝针做卷针缝缝合后，再用卷针缝缝上内袋。

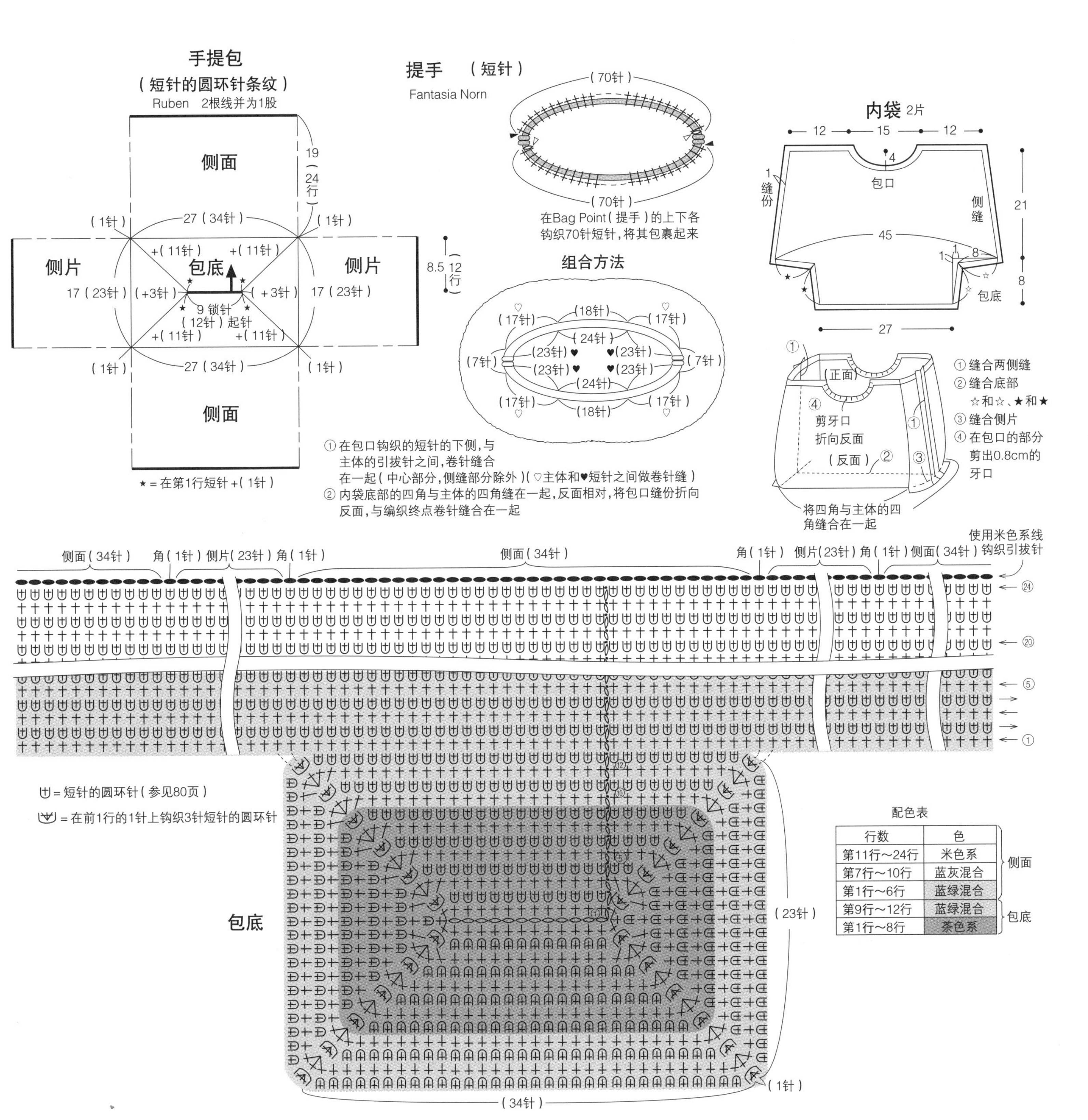

行数	色	
第11行～24行	米色系	侧面
第7行～10行	蓝灰混合	
第1行～6行	蓝绿混合	
第9行～12行	蓝绿混合	包底
第1行～8行	茶色系	

材料 Ski World Selection Fano茶色系混合（1112）170g/5团

工具 棒针8号

成品尺寸
宽45cm，长131cm

编织密度
10cm×10cm面积内：编织花样A、编织花样B、起伏针均为16针，33行

编织要点
另线锁针起针，从中间开始组合编织起伏针、编织花样A。无加、减针编织20行，接下来做起伏针的留针的引返编织。右端编织7针伏针，重复编织花样A、起伏针。编织终点伏针收针。拆开另线锁针，挑取针目，另一端编织起伏针、编织花样B。无加、减针编织19行，第20行开始编织起伏针的留针的引返编织。左端的7针编织伏针，重复编织花样B、起伏针，编织终点做伏针收针。

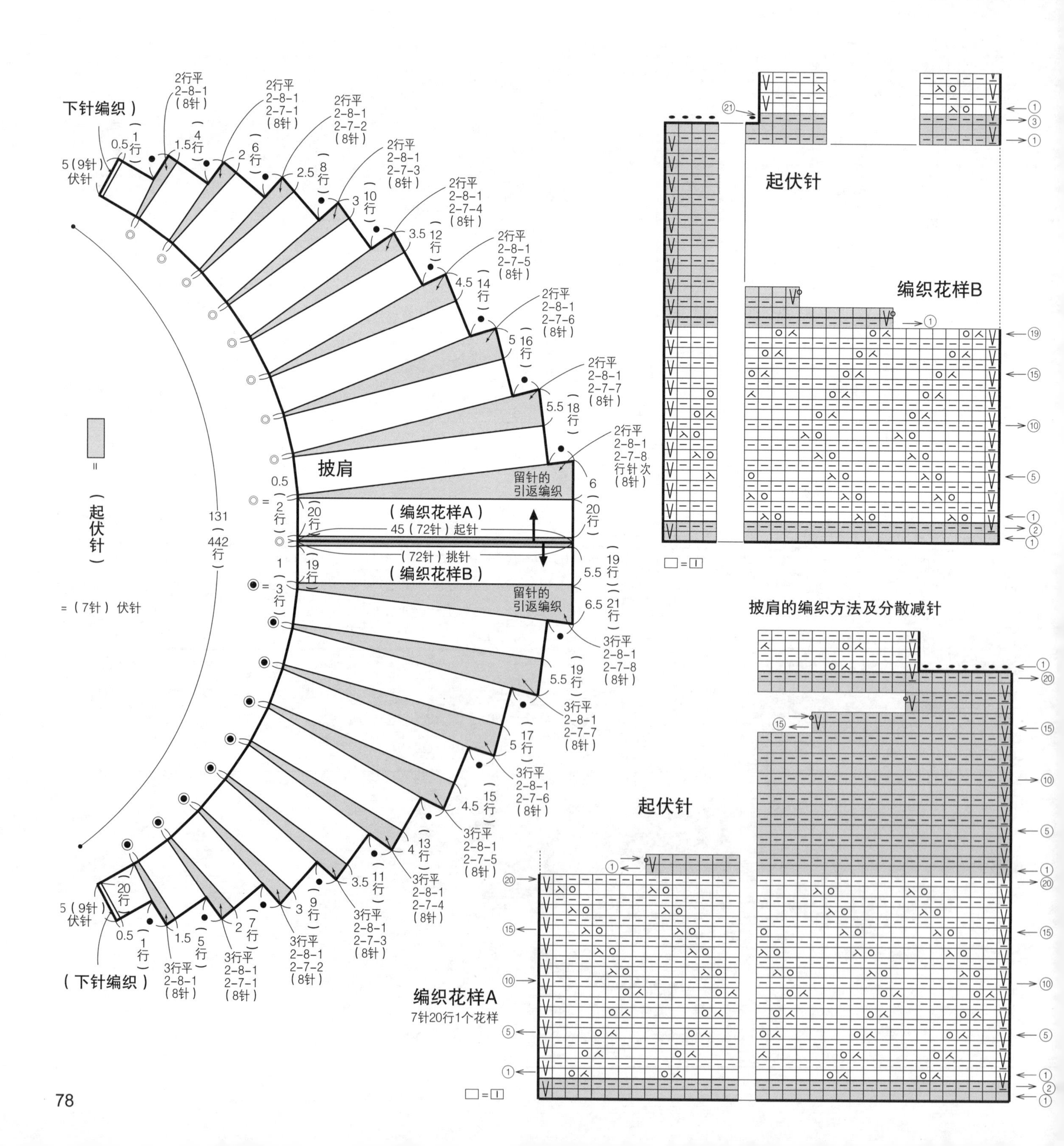

材料　外套　Ski World Selection Ruben米色系混合（1231）M号/180g/5团、L号/200g/5团，Ski World Selection Vecco深棕色+原色（1304）M号/230g/5团、L号/290g/6团，直径23mm的纽扣5颗

假领　Ski World Selection Vecco深棕色+原色（1304）50g/1团、直径18mm的纽扣1颗

工具

棒针12号、9号，钩针10/0号

成品尺寸

M号／胸围98.5cm，衣长43cm，连肩袖长63cm

L号／胸围108.5cm，衣长47cm，连肩袖长67cm

编织密度

10cm×10cm面积内：编织花样A12针，18行；编织花样B10针，11.5行

编织要点

手指起针，按编织花样A使用Ruben2根线并为1股编织。2针及2针以上减针时，做伏针减针；1针时插肩袖窿立起侧边2针减针，领窝立起侧边1针减针。下摆、袖下使用钩针钩织编织花样B。圆环的长度约为2根手指的一圈。插肩袖窿、胁、袖下使用毛线缝针挑针缝合。假领参照图示钩织编织花样B。

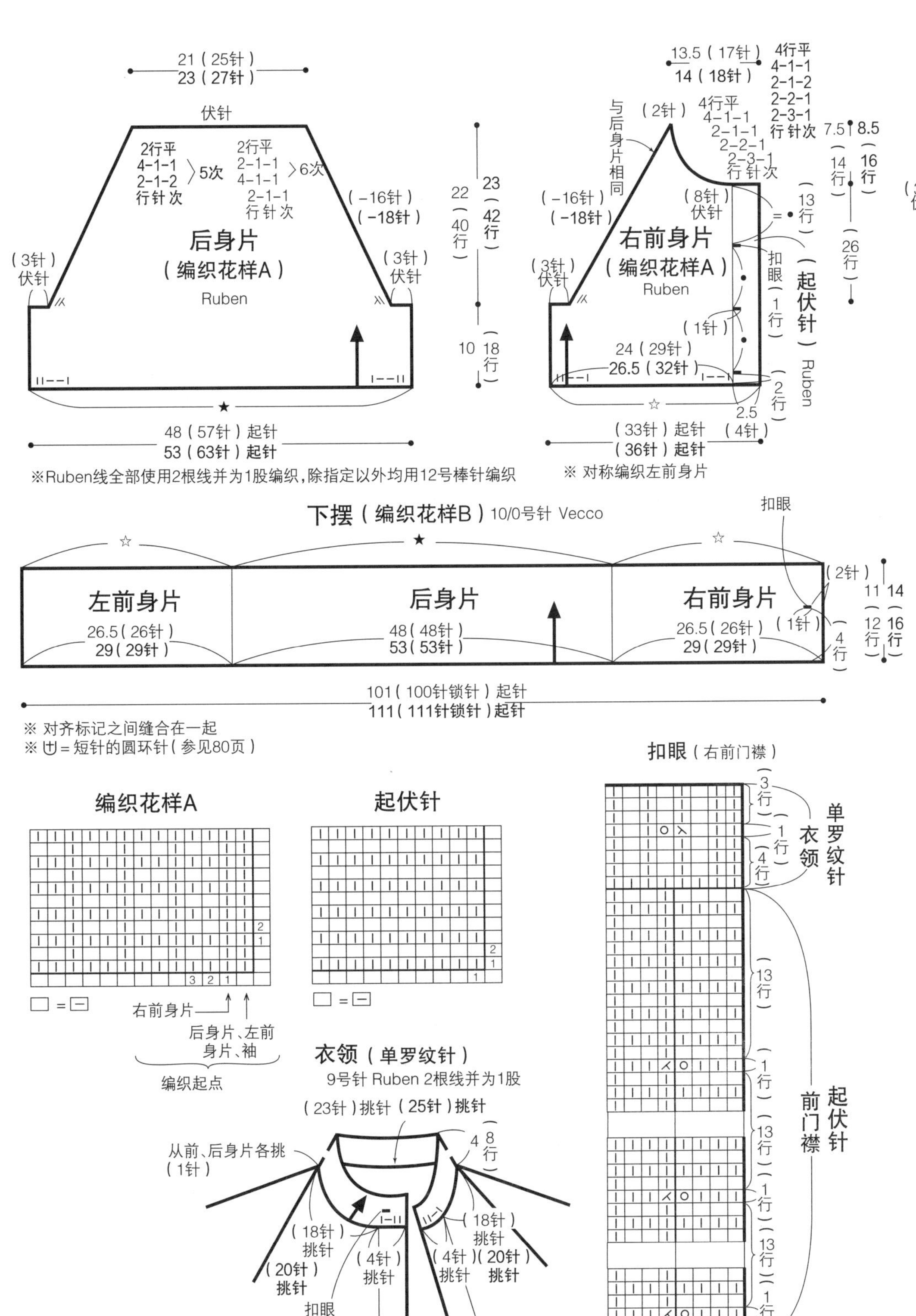

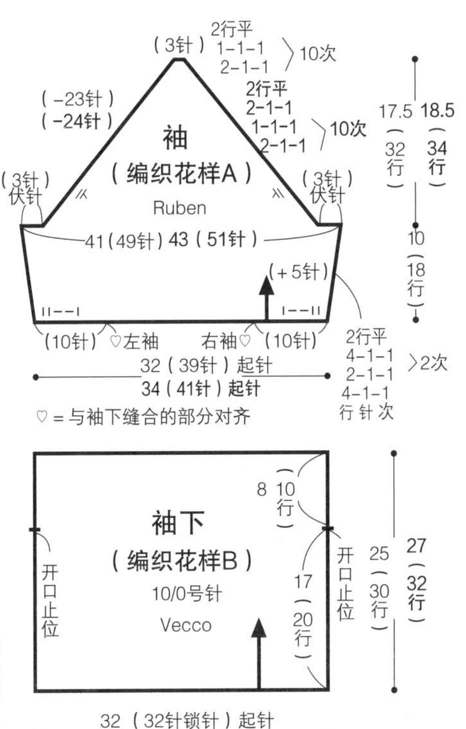

标示的数据是按照M号、L号的顺序。只有一个标示的地方，为两个尺寸通用。

编织花样B

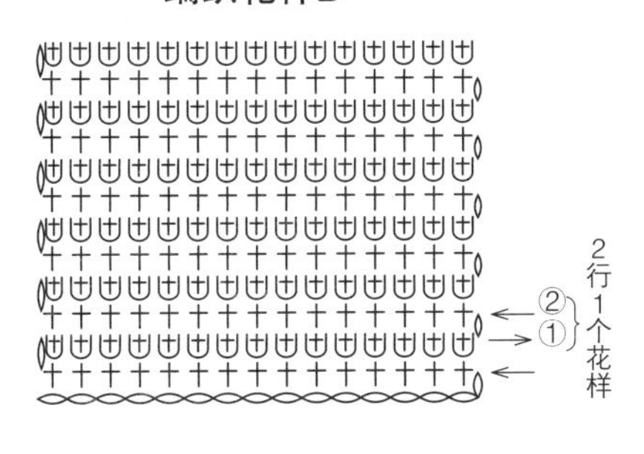

扣眼（右前身片下摆 M号）

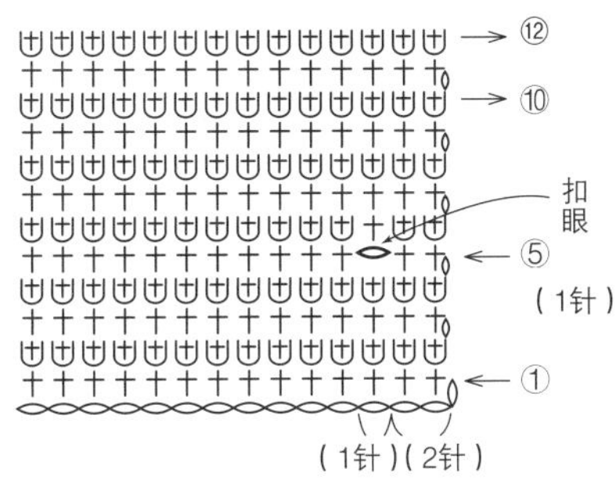

★假领参见 111 页

材料 芭贝 Alba 亮灰色（1092）M号/300g/8团、L号/370g/10团，深灰色（1904）M号/305g/8团、L号/380g/10团，直径20mm的纽扣7颗

工具 钩针6/0号

成品尺寸
M号／胸围96.5cm，衣长56.5cm，连肩袖长66cm
L号／胸围106.5cm，衣长59.5cm，连肩袖长71.5cm

编织密度
10cm×10cm面积内：条纹花样26针，13行

编织要点

●**身片** 后身片使用亮灰色线、前身片使用深灰色线，锁针起针，挑取里山。后身片钩织7行条纹花样、前身片钩织5行条纹花样后，在胁部钩织4针锁针加针。之后，无加、减针钩织指定数量的行数。肩部、前领窝参照图示钩织。

●**袖** 用亮灰色线锁针起针，挑取里山。袖下的加针和袖山的减针参见图示，钩织条纹花样。

●**组合** 后身片的边缘编织从开衩部分开始钩织，在胁、下摆、胁上依次挑针，钩织边缘编织条纹花样。起立针的部分使用毛线缝针做卷针缝缝合。肩部、胁、袖下钩织锁针接合在一起。前下摆、前门襟、衣领从右前身片的胁开始钩织，挑取指定数量的针目，钩织边缘编织条纹花样。袖口挑取指定数量的针目，环形钩织边缘编织条纹。利用边缘编织条纹的空隙做扣眼。在左前门襟钉上纽扣。

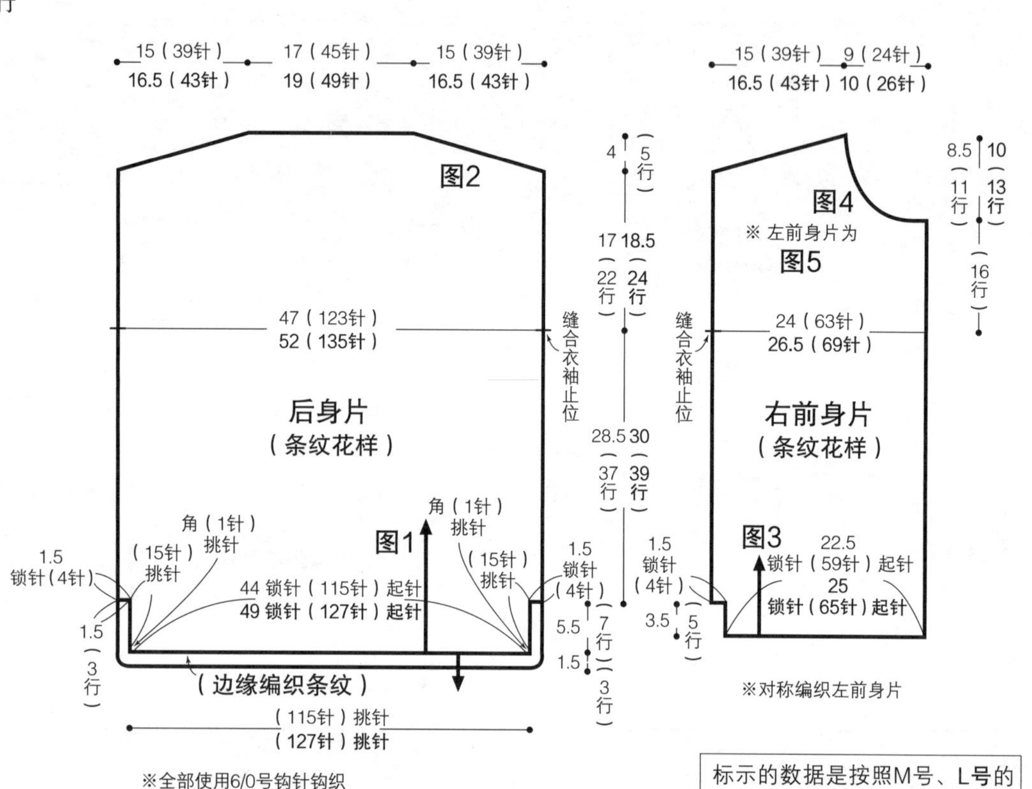

※全部使用6/0号钩针钩织

标示的数据是按照M号、L号的顺序。只有一个标示的地方，为两个尺寸通用。

★图 1~ 图 7 参见 81~85 页

前身片下摆、前门襟、衣领（边缘编织条纹）

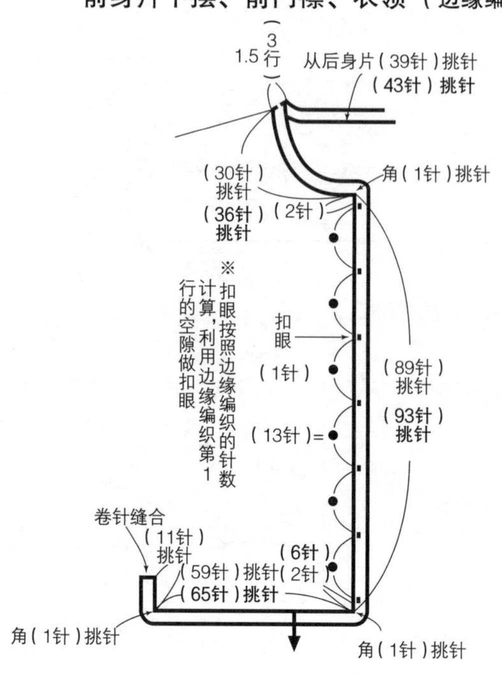

短针的圆环针

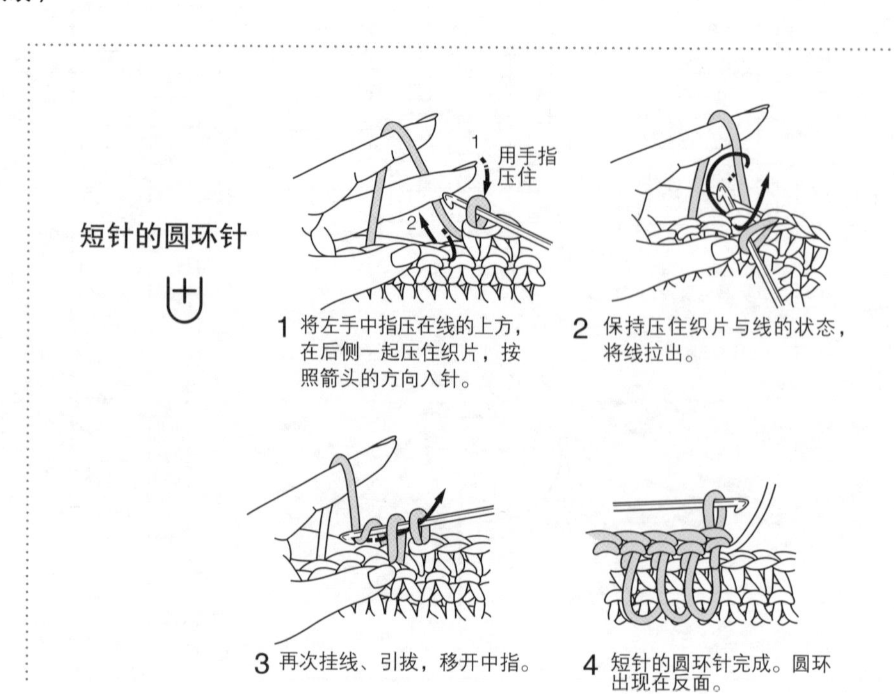

1 将左手中指压在线的上方，在后侧一起压住织片，按照箭头的方向入针。

2 保持压住织片与线的状态，将线拉出。

3 再次挂线、引拔，移开中指。

4 短针的圆环针完成。圆环出现在反面。

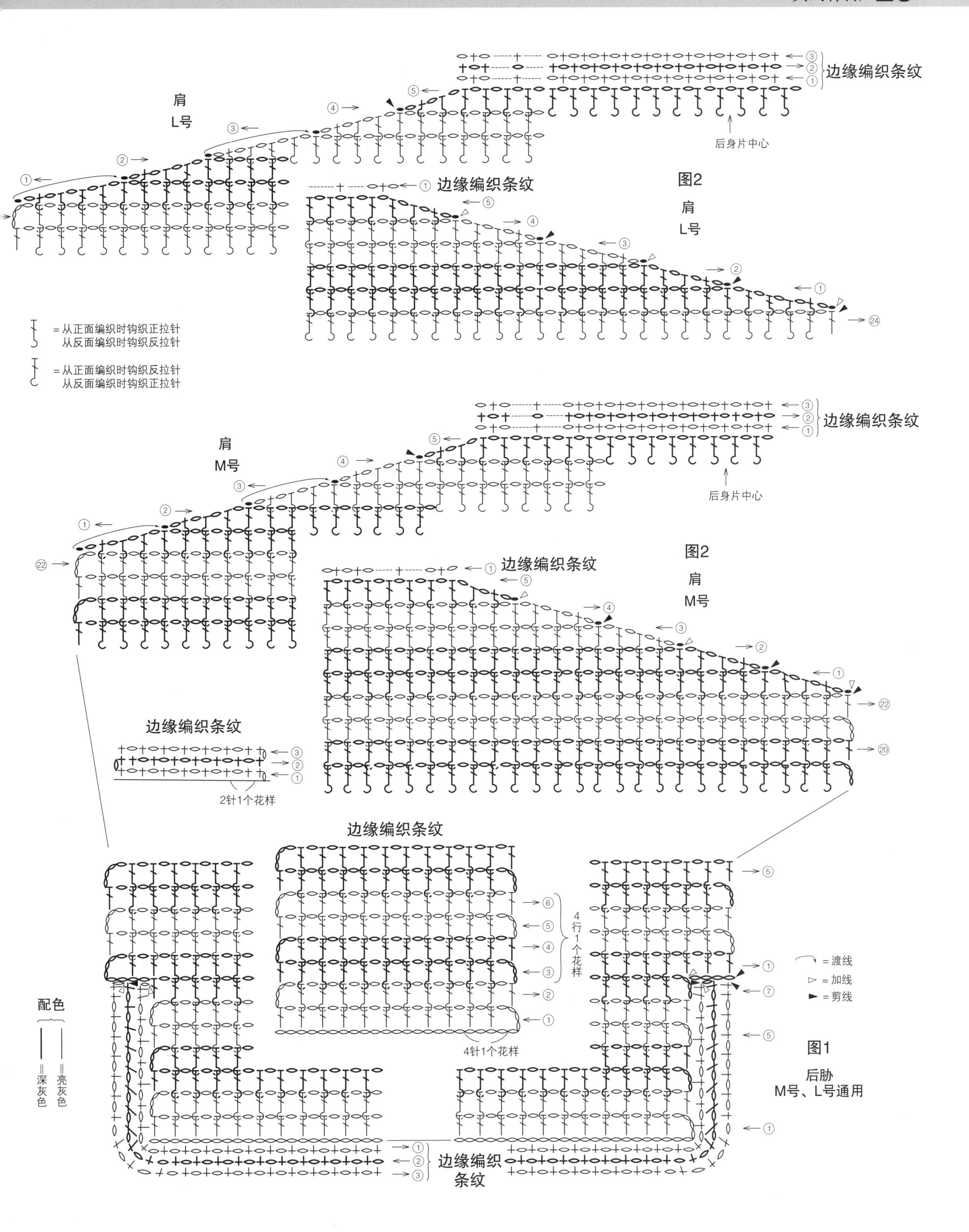

肩
L号
边缘编织条纹
后身片中心
图2
肩
L号
= 从正面编织时钩织正拉针
从反面编织时钩织反拉针
= 从正面编织时钩织反拉针
从反面编织时钩织正拉针
边缘编织条纹
肩
M号
后身片中心
图2
肩
M号
边缘编织条纹
2针1个花样
边缘编织条纹
4行1个花样
4针1个花样
= 渡线
= 加线
= 剪线
配色
= 深灰色
= 亮灰色
图1
后胁
M号、L号通用
边缘编织条纹

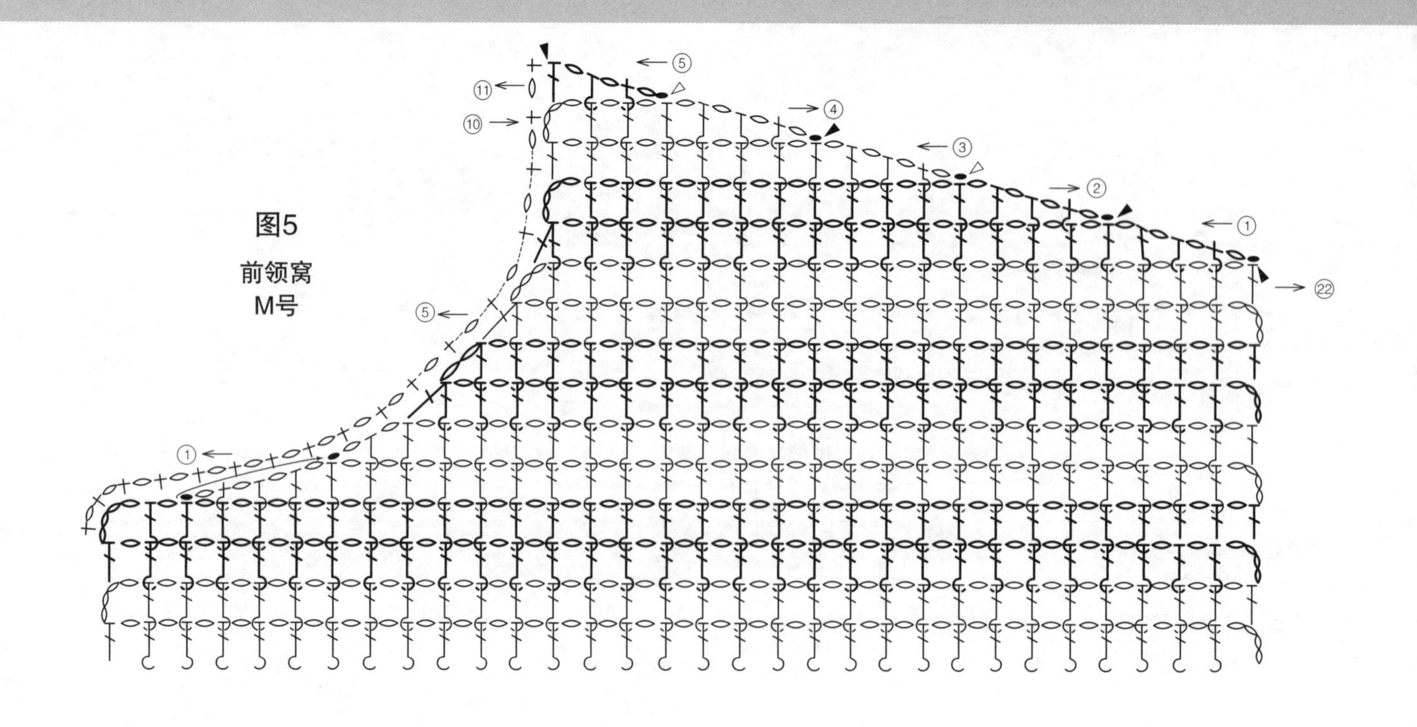
图5
前领窝
M号

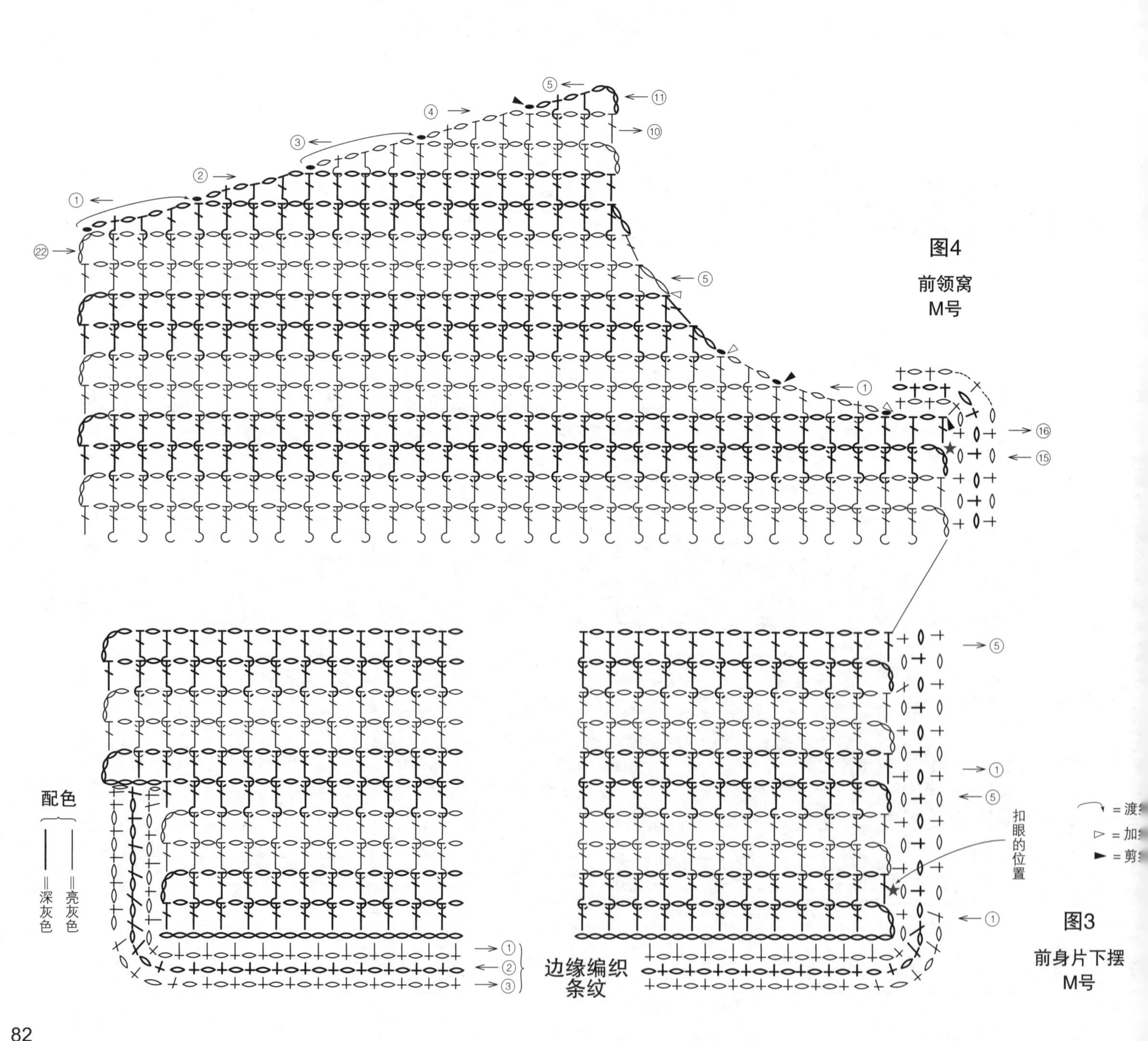
图4
前领窝
M号
配色
=亮灰色
=深灰色
边缘编织
条纹
扣眼的位置
=渡
=加
=剪
图3
前身片下摆
M号

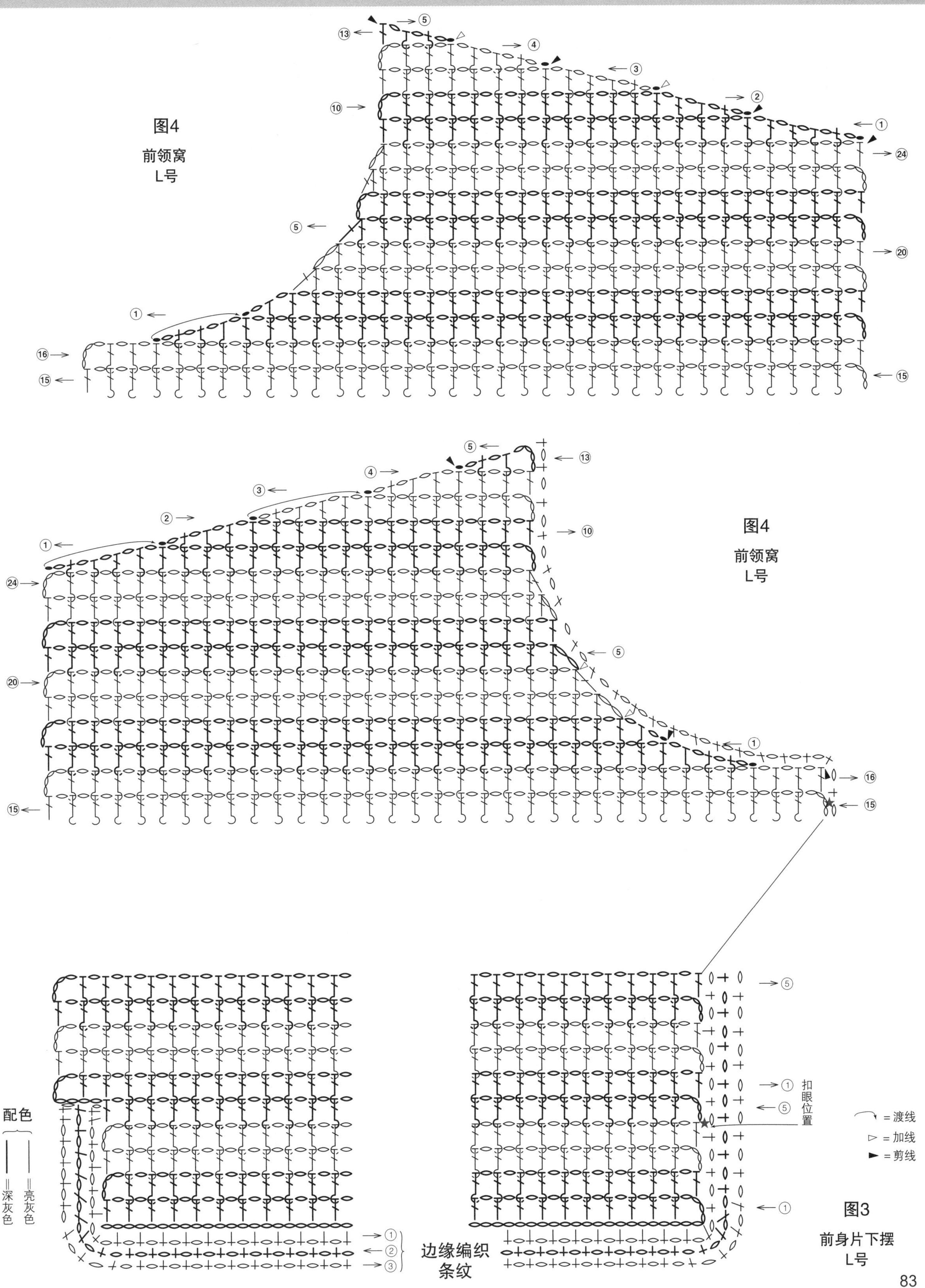
图4
前领窝
L号
图4
前领窝
L号
配色
=亮灰色
=深灰色
边缘编织
条纹
扣眼位置
= 渡线
= 加线
= 剪线
图3
前身片下摆
L号

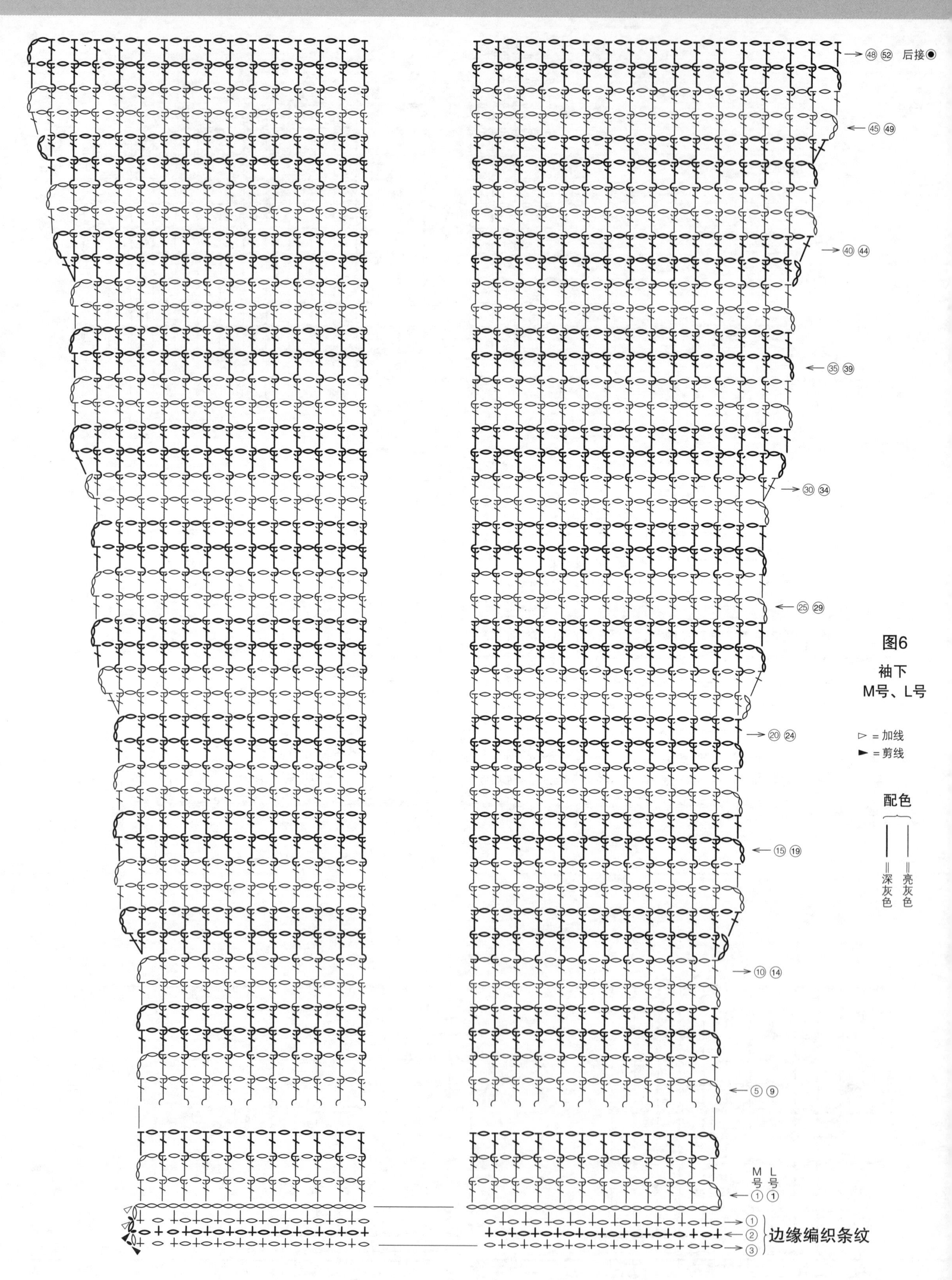

⑱ ㊾ 后接●
㊺ ㊾
㊵ ㊹
㉟ ㊴
㉚ ㉞
㉕ ㉙
图6
袖下
M号、L号
▷ = 加线
► = 剪线
配色
深灰色
亮灰色
⑳ ㉔
⑮ ⑲
⑩ ⑭
⑤ ⑨
M号 L号
① ①
①
②
③
边缘编织条纹

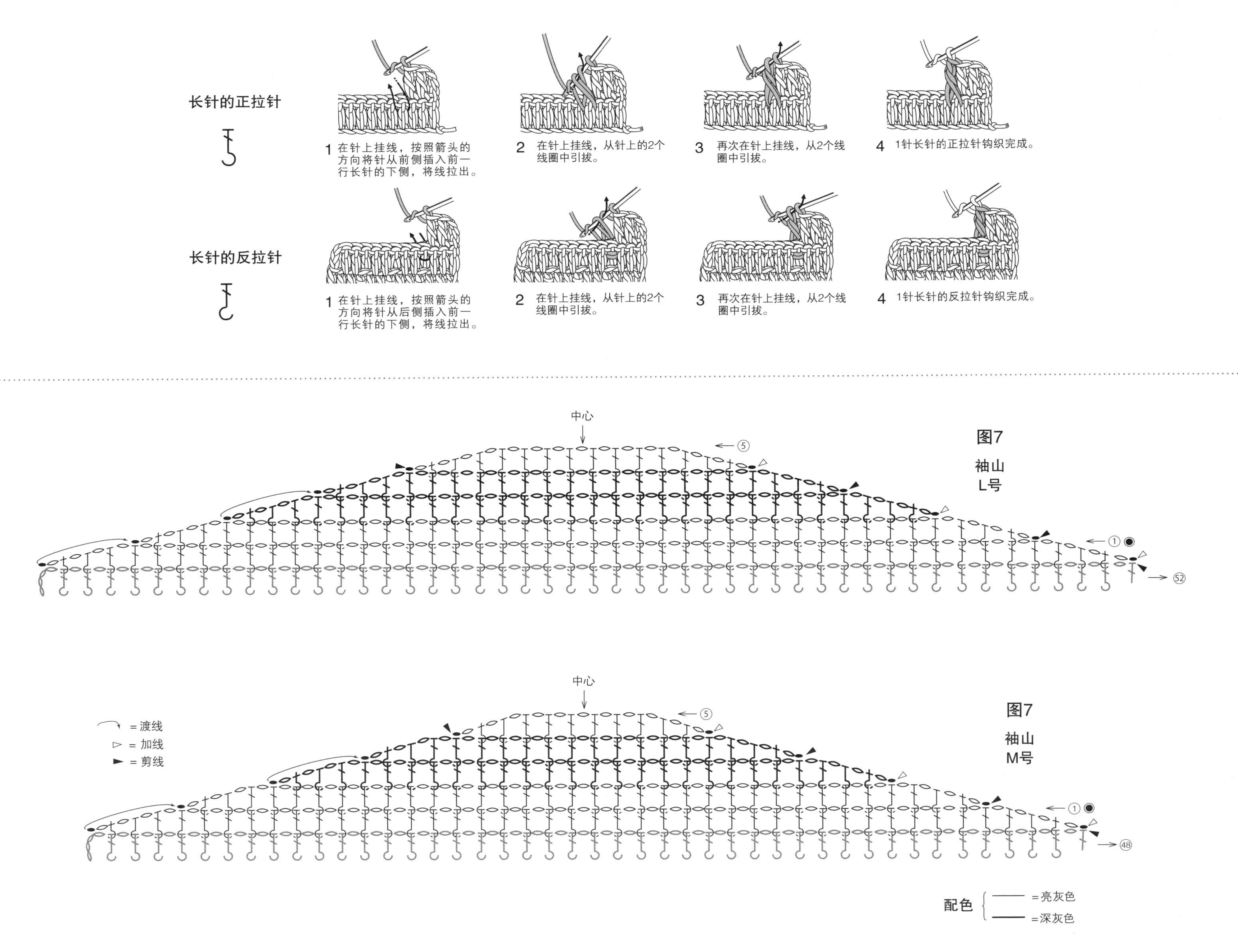

长针的正拉针
1 在针上挂线，按照箭头的方向将针从前侧插入前一行长针的下侧，将线拉出。
2 在针上挂线，从针上的2个线圈中引拔。
3 再次在针上挂线，从2个线圈中引拔。
4 1针长针的正拉针钩织完成。
长针的反拉针
1 在针上挂线，按照箭头的方向将针从后侧插入前一行长针的下侧，将线拉出。
2 在针上挂线，从针上的2个线圈中引拔。
3 再次在针上挂线，从2个线圈中引拔。
4 1针长针的反拉针钩织完成。
图7
袖山
L号
中心
⑤
①
52
图7
袖山
M号
中心
⑤
①
48
= 渡线
= 加线
= 剪线
配色
=亮灰色
=深灰色

材料 芭贝 Lecce 红色系混合（416）M号/460g/12团、L号/515g/13团

工具 钩针5/0号

成品尺寸
M号／胸围94cm，肩宽47cm，衣长72.5cm，袖长49cm
L号／胸围104cm，肩宽52cm，衣长73cm，袖长51cm

编织密度
10cm×10cm面积内：编织花样A 28针，11行；编织花样B 20.5针，14行

编织要点
●**后身片** 锁针起针，挑取锁针的里山，钩织指定行数的编织花样A。编织花样A，M号为22针1个花样，L号为24针1个花样，请注意。接下来钩织编织花样B，做肩部的减针。
●**前身片** 锁针起针，与后身片使用同样的方法钩织编织花样A、编织花样B。做肩部的减针，直接钩织衣领。
●**袖** 与身片使用同样的方法钩织编织花样A、编织花样B。
●**组合** 肩部使用毛线缝针做卷针缝缝合，将胁部、缝合衣袖的部分对齐，看着正面使用毛线缝针做卷针缝缝合。衣领在钩织1针长针、1针锁针的同时连接在一起（参见图示）。将后领窝与衣领对齐，看着正面使用毛线缝针做卷针缝缝合。

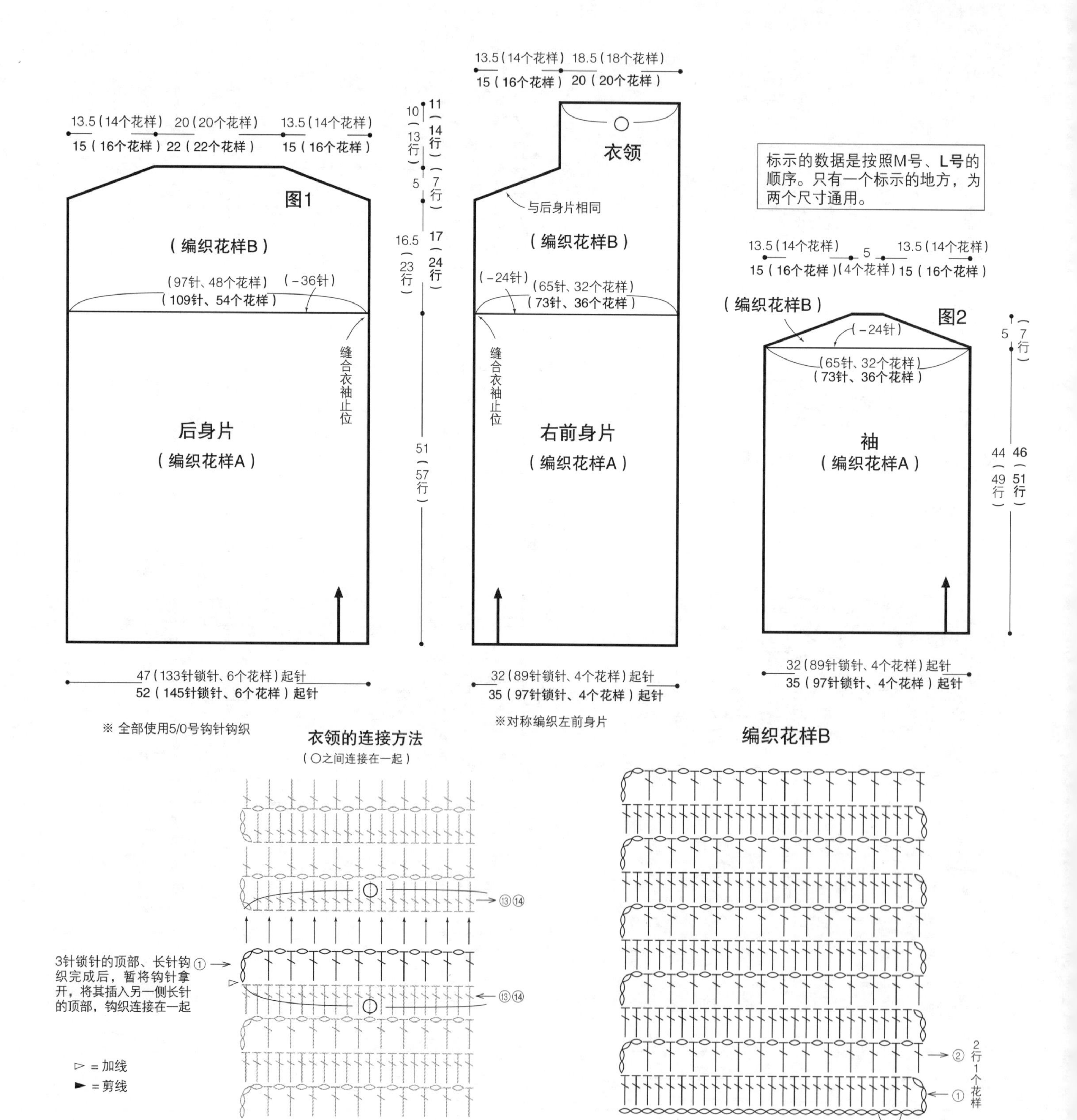

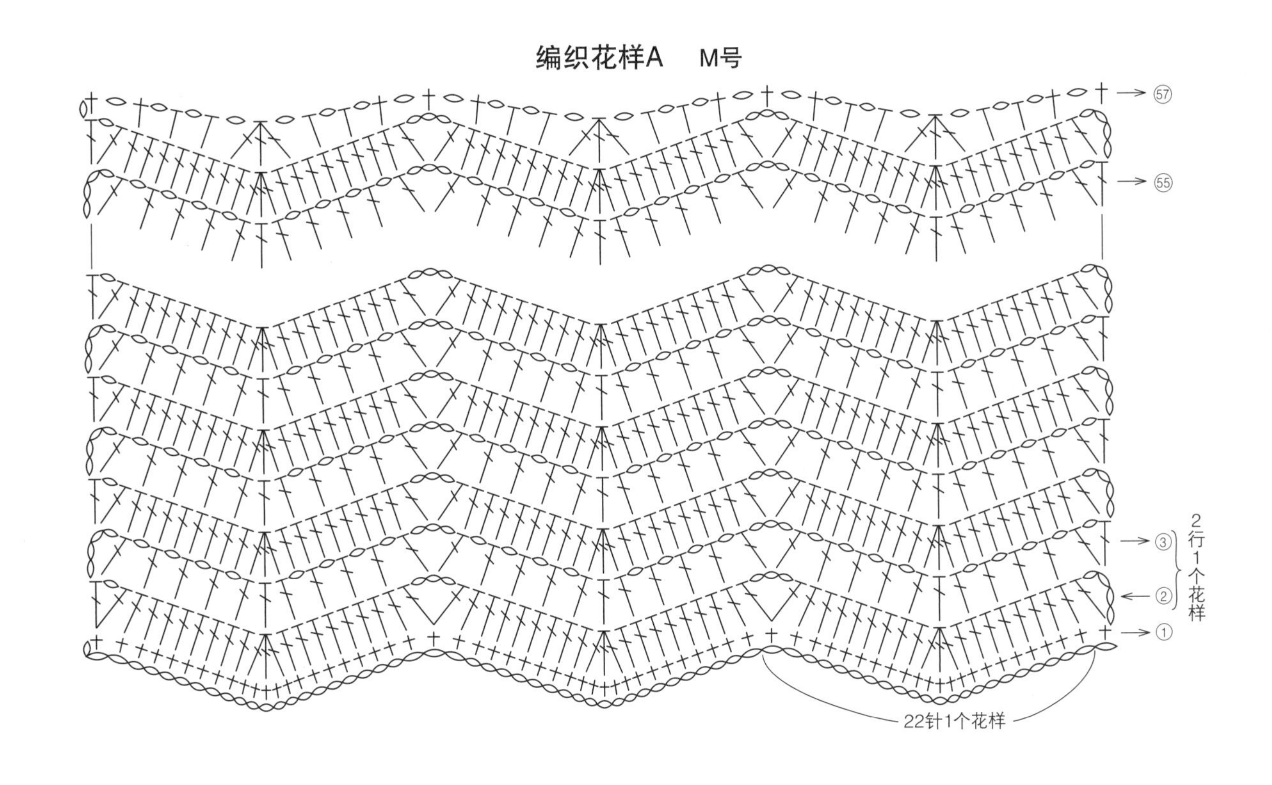
编织花样A　M号
57
55
3
2
1
2行1个花样
22针1个花样

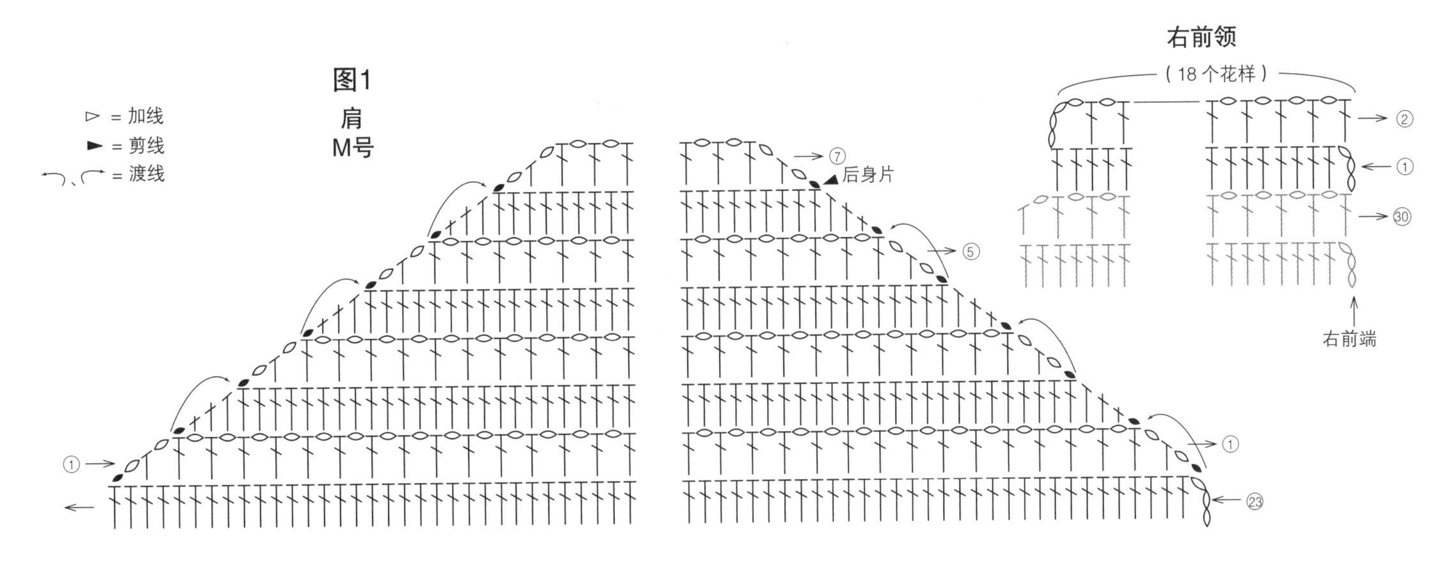
图1
肩
M号
▷ = 加线
► = 剪线
= 渡线
7
后身片
5
1
23
右前领
（18 个花样）
2
1
30
右前端

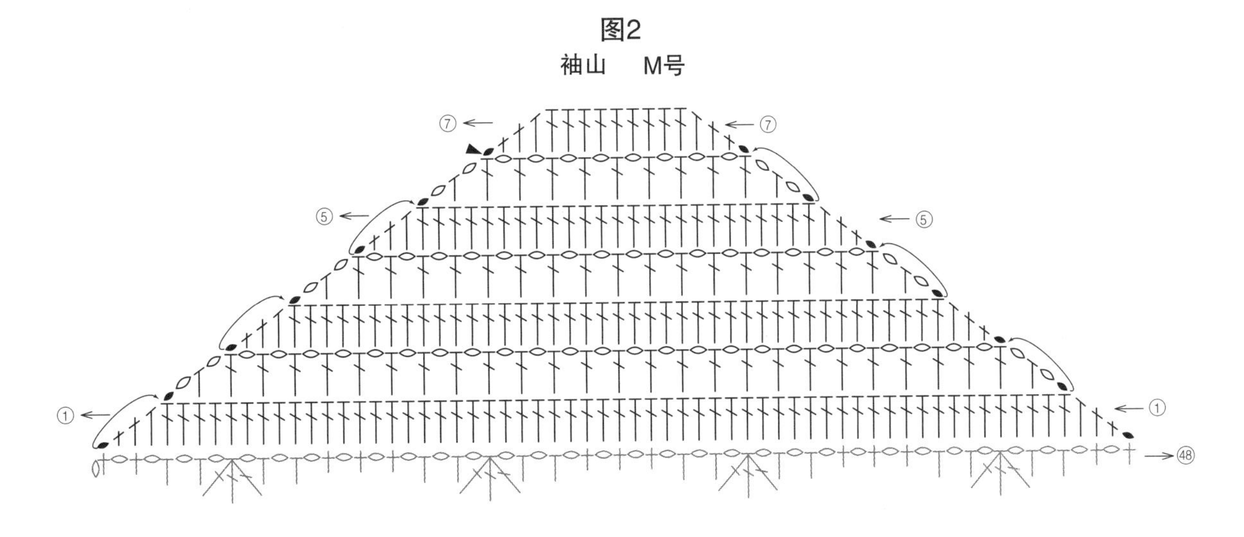
图2
袖山　M号
7
5
1
48

编织花样A　L号

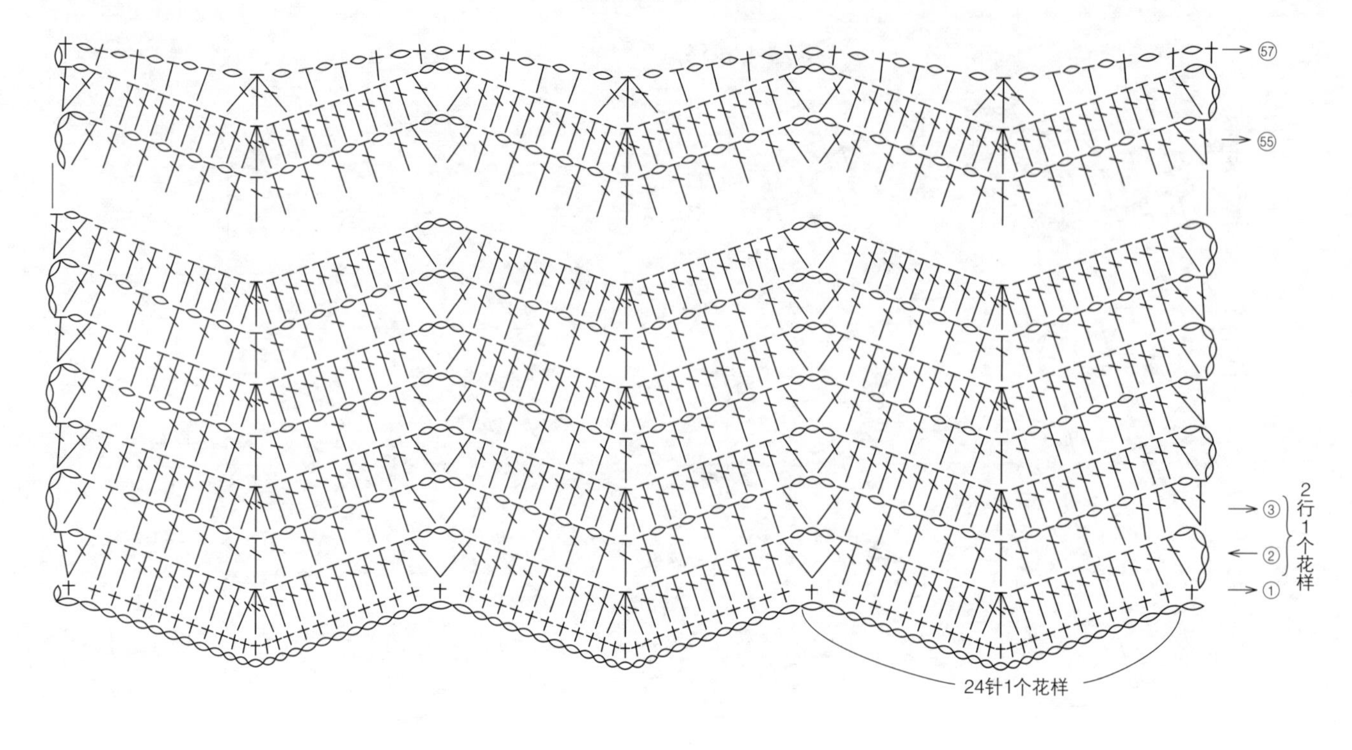

图1 肩 L号

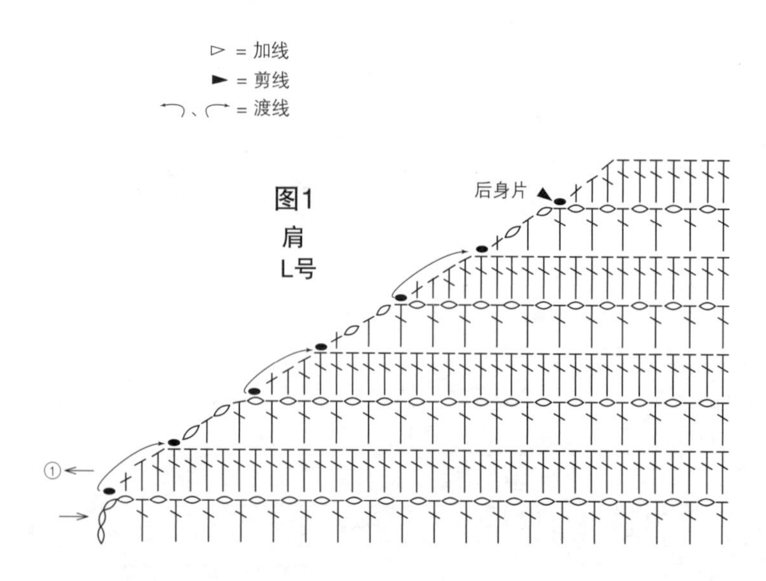

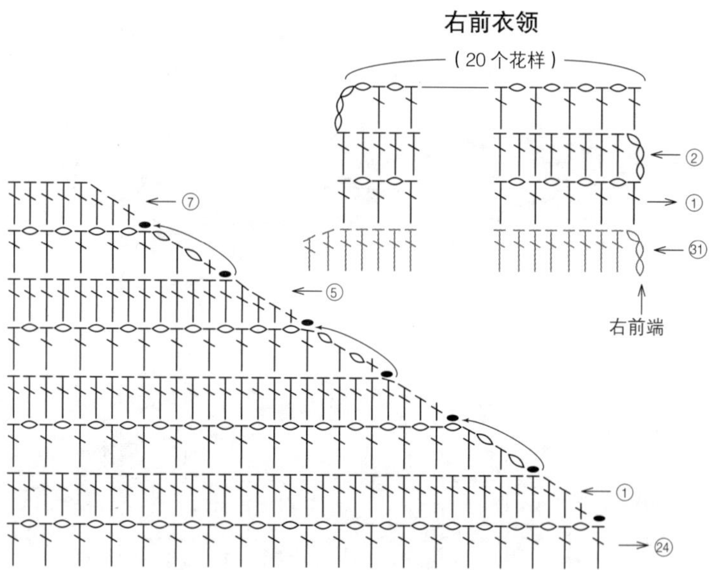

图2 袖山　L号

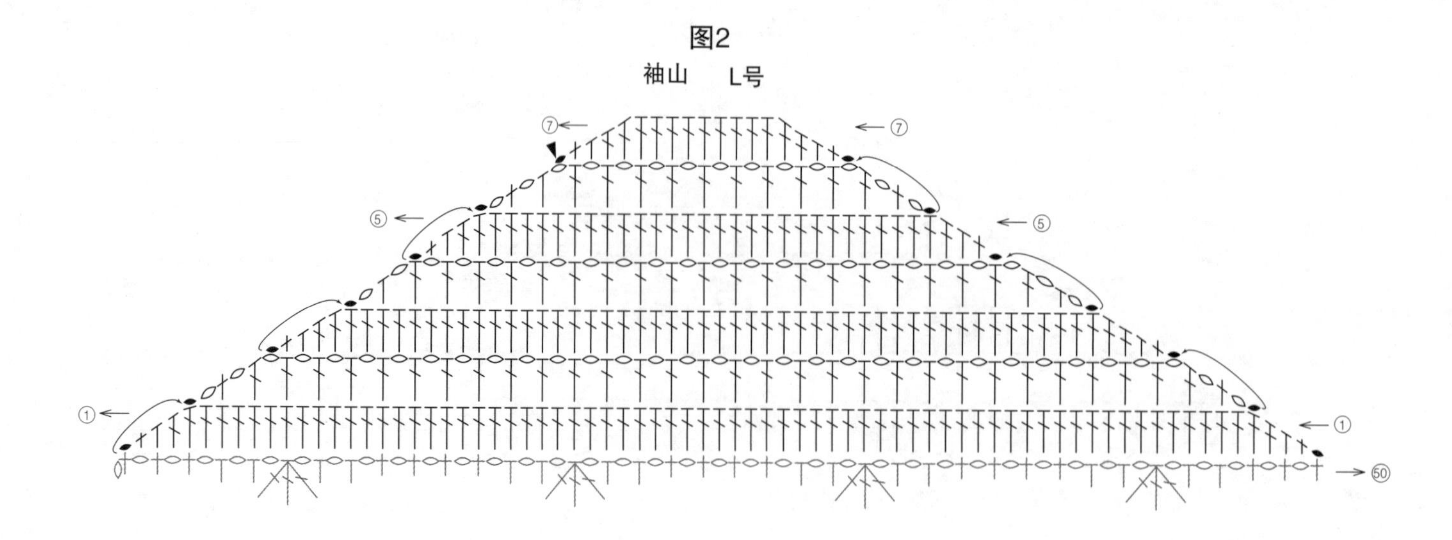

材料 芭贝 Alba 红色(5139)
开衫 / 440g/11团、直径18mm的纽扣8颗
帽子 / 70g/2团

工具
棒针6号、5号

成品尺寸
开衫 / 胸围93cm，衣长57.5cm，连肩袖长70.25cm
帽子 / 头围48cm，帽深22cm

编织密度
10cm×10cm面积内：下针编织23.5针、编织花样B 23针、编织花样C 21.5针，行数均为33行

编织要点
开衫
●后身片 手指起针，按编织花样A编织42行。接下来参照图示组合编织下针编织、编织花样B、编织花样C。在编织花样C的第1行减4针。腋下的3针编织伏针，插肩袖窿处减针时，1针时立起侧边4针减针；2针时编织3针并1针。
●前身片 与后身片使用同样的方法编织，前门襟也连在一起编织。在右前门襟上编织扣眼。领窝的减针，前门襟部分的12针休针，2针及2针以上时，做伏针减针；1针时做立起侧边1针减针。
●袖 起针与身片相同。袖下加针时，在1针内侧编织扭针加针。腋下的3针编织伏针，插肩袖窿处减针时与身片的处理方法相同。
●组合 腋下使用毛线缝针做下针编织无缝缝合，插肩袖窿、胁、袖下使用毛线缝针做挑针缝合。衣领挑取针目，按编织花样D编织。编织终点，做下针织下针、上针织上针、扭针织扭针的伏针收针。
帽子
另线锁针起针，起112针，编织52行编织花样B。接下来参照图示，做分散减针的同时编织20行，将线穿入最后一行的8针中，收紧。拆开另线锁针，挑取针目，看着反面编织21行编织花样A。编织终点，做下针织下针、上针织上针的伏针收针。将编织花样A的部分折回。

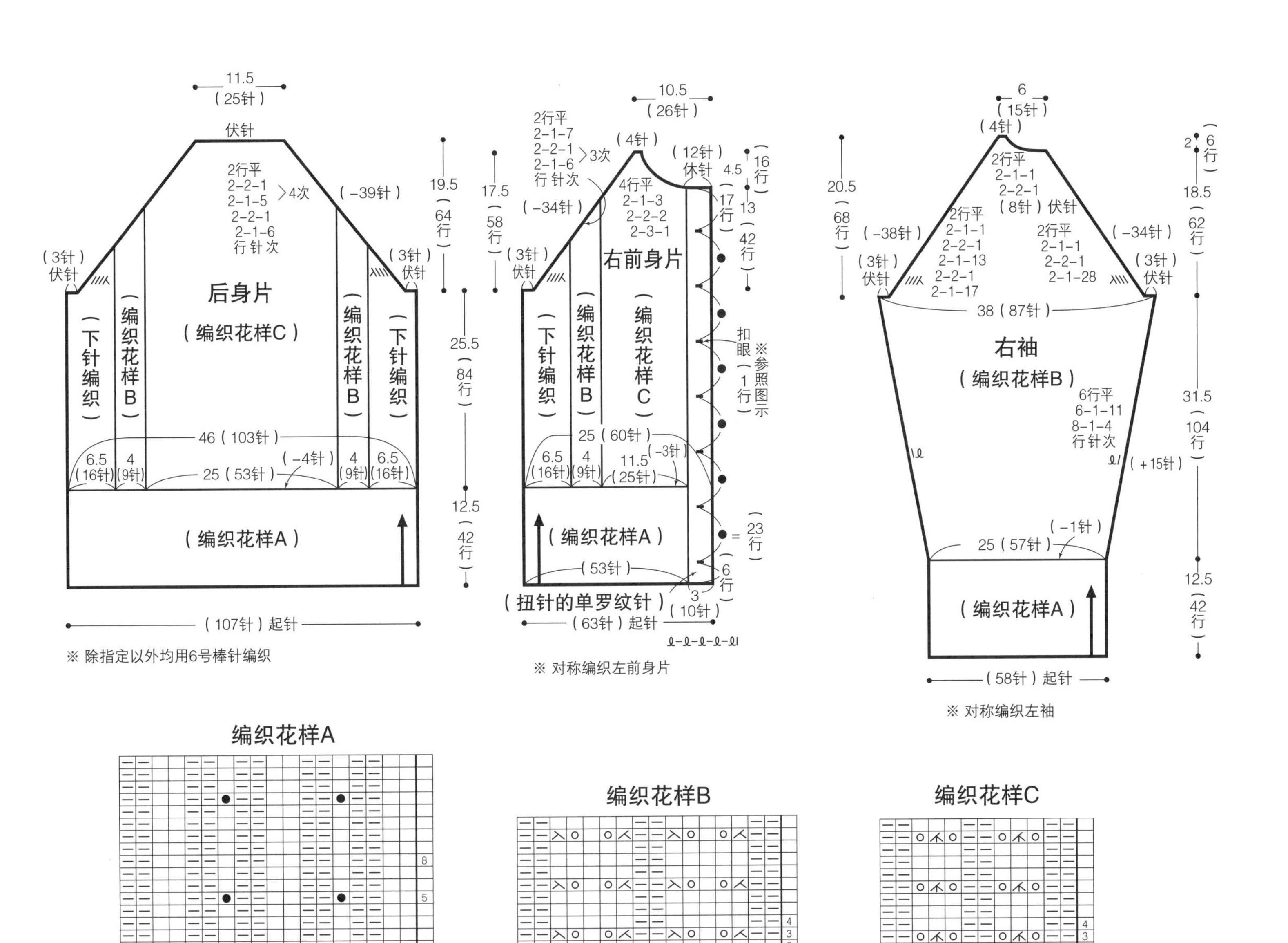

★符号图、帽子的编织图参见 90~93 页

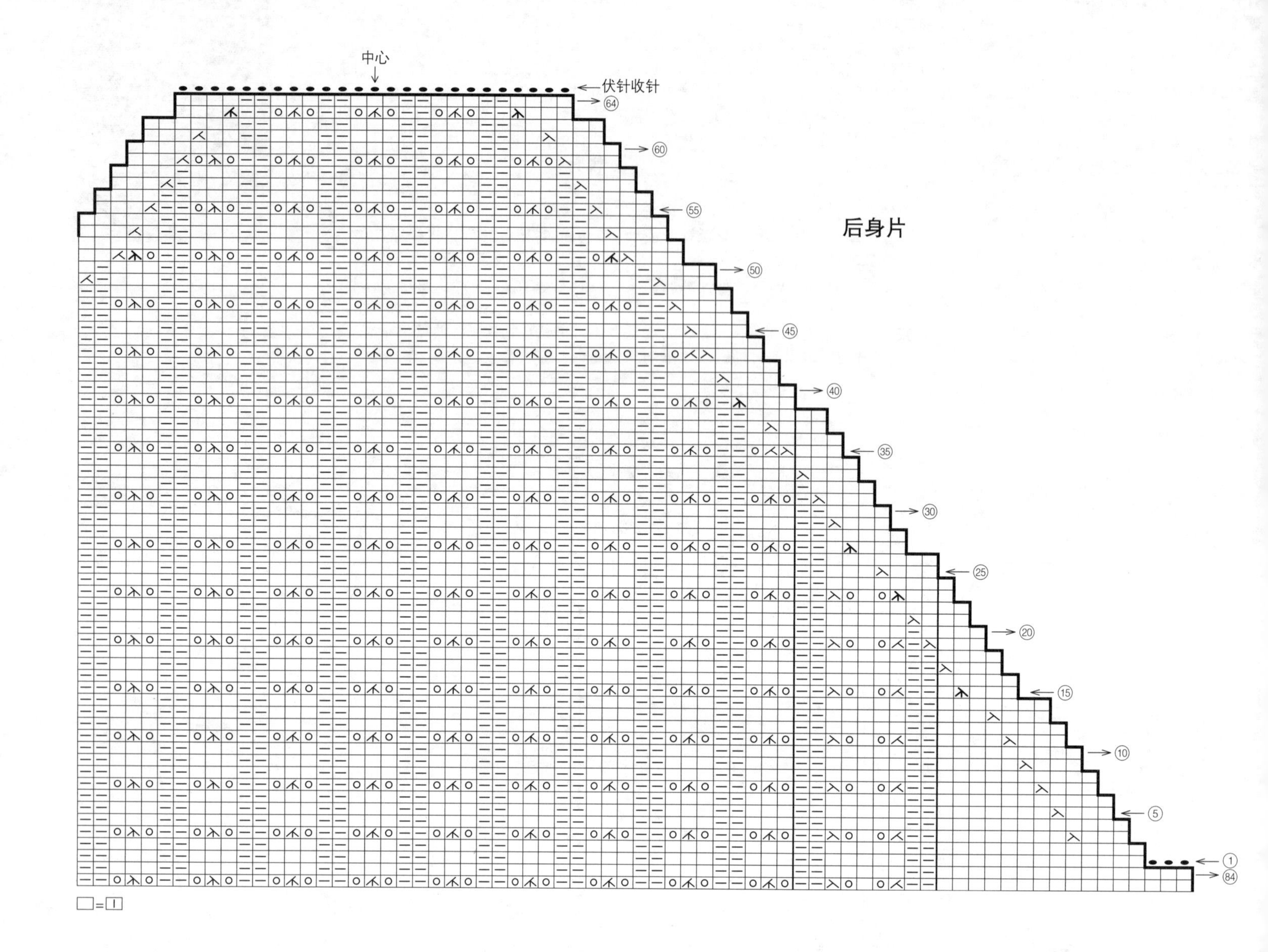
中心
伏针收针
后身片
□=□

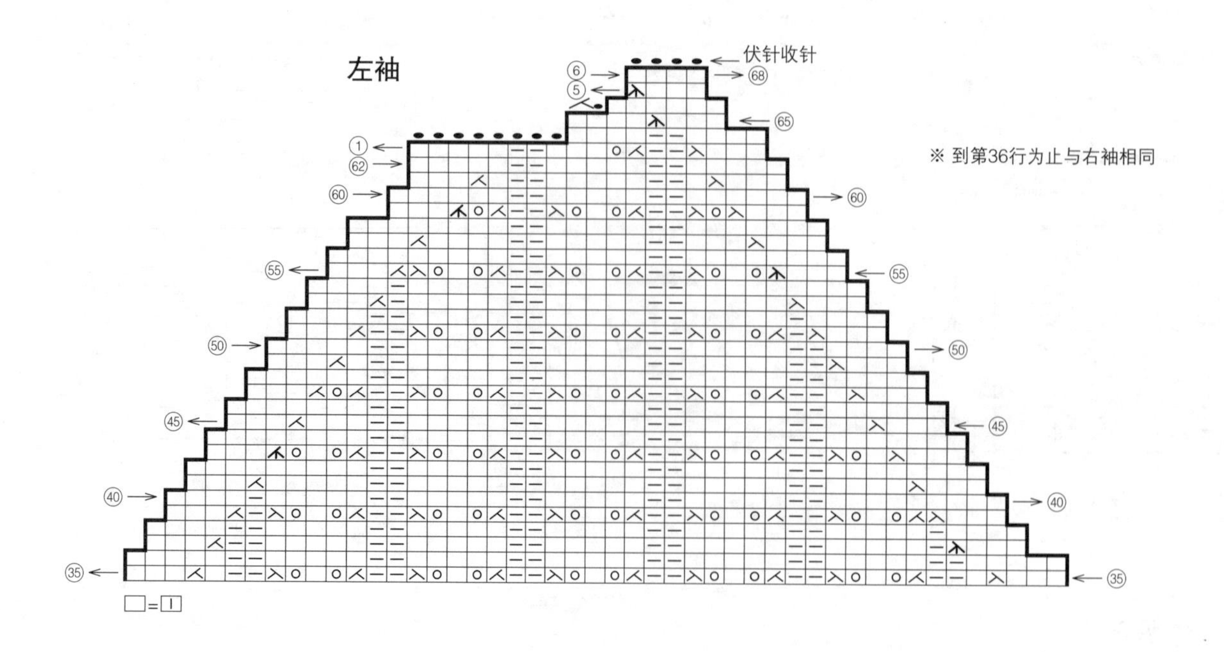
左袖
伏针收针
※ 到第36行为止与右袖相同
□=□

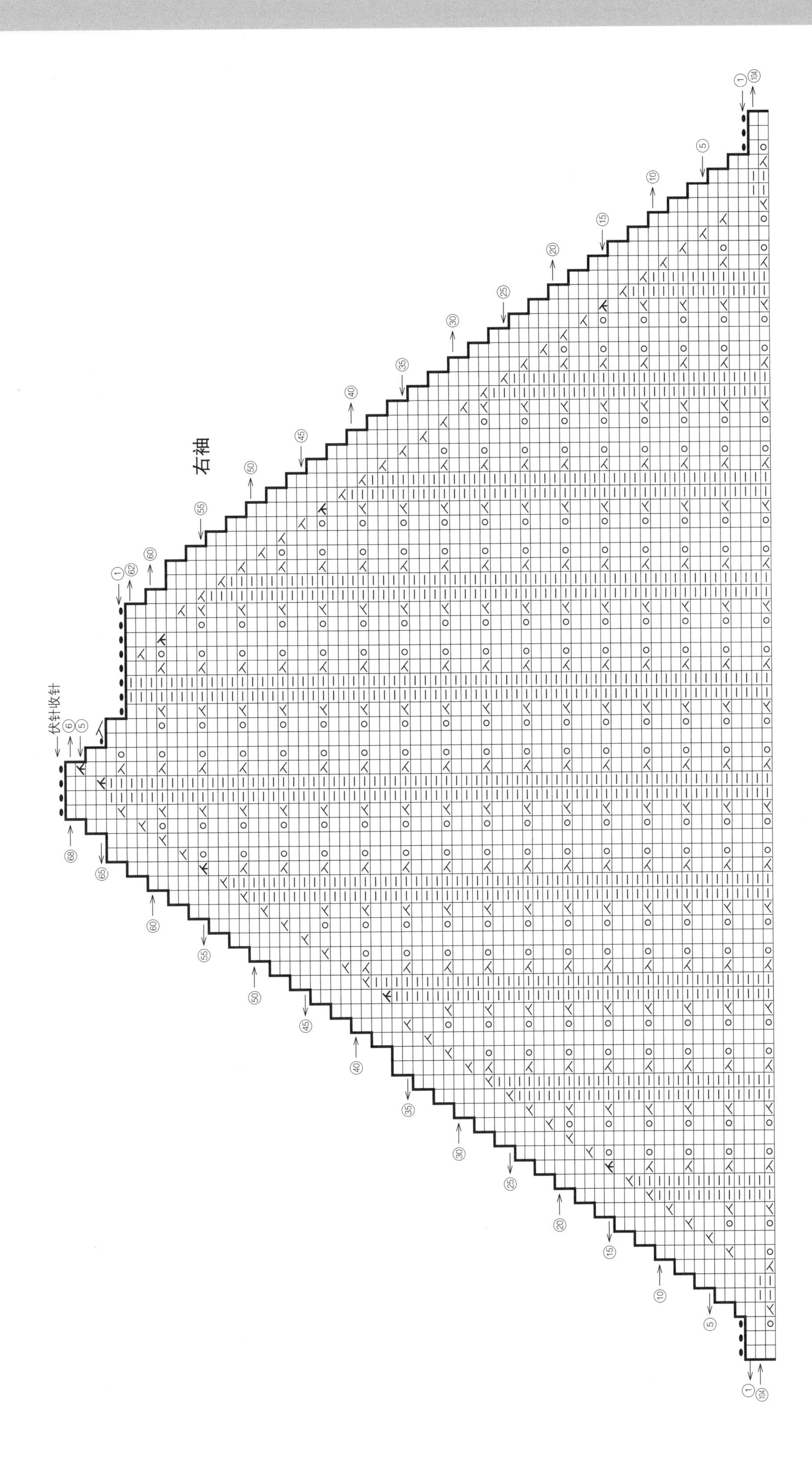
右袖
伏针收针

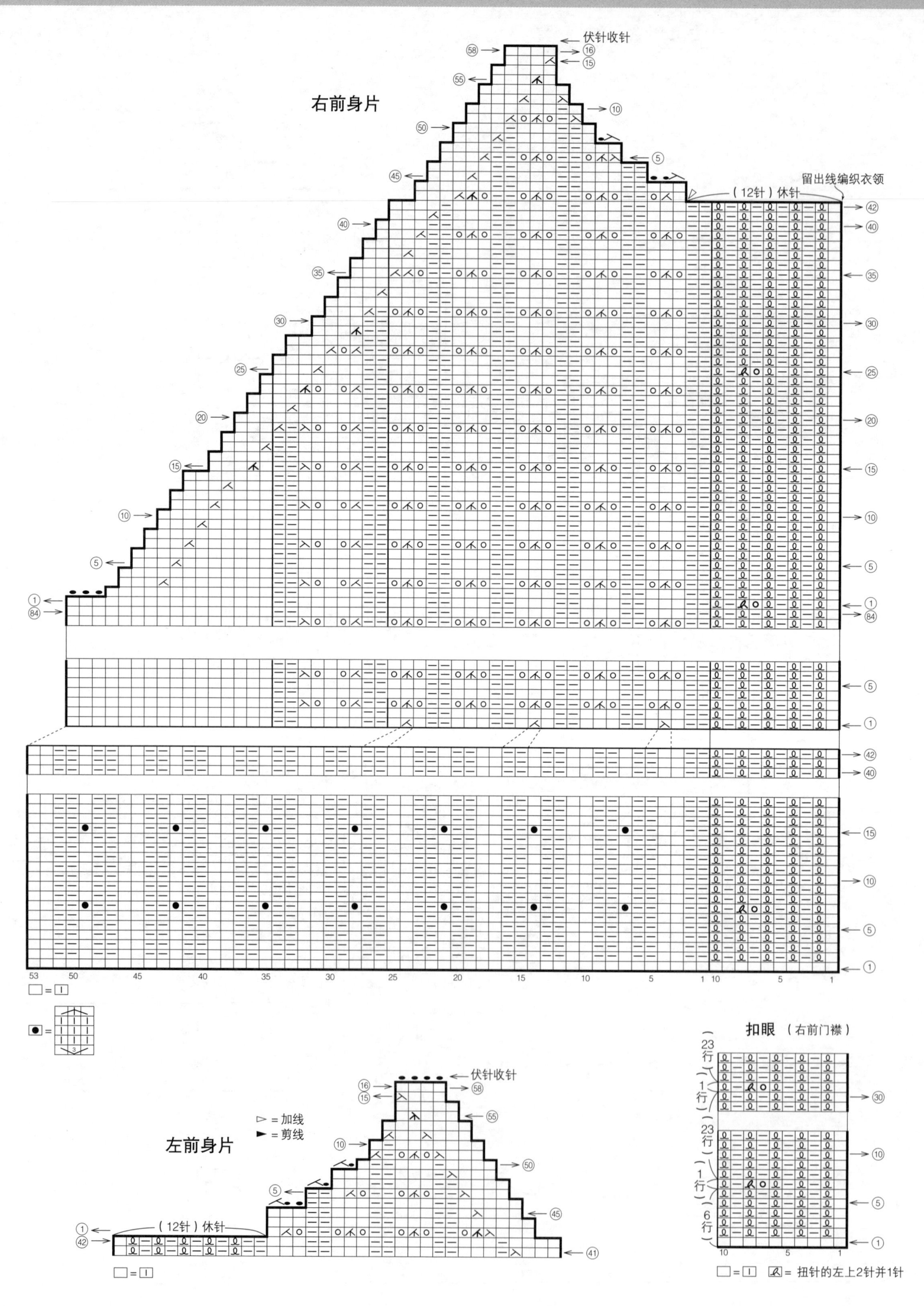
右前身片
伏针收针
留出线编织衣领
（12针）休针
□=□
左前身片
▷=加线
▶=剪线
伏针收针
（12针）休针
扣眼（右前门襟）
23行
1行
6行
扭针的左上2针并1针

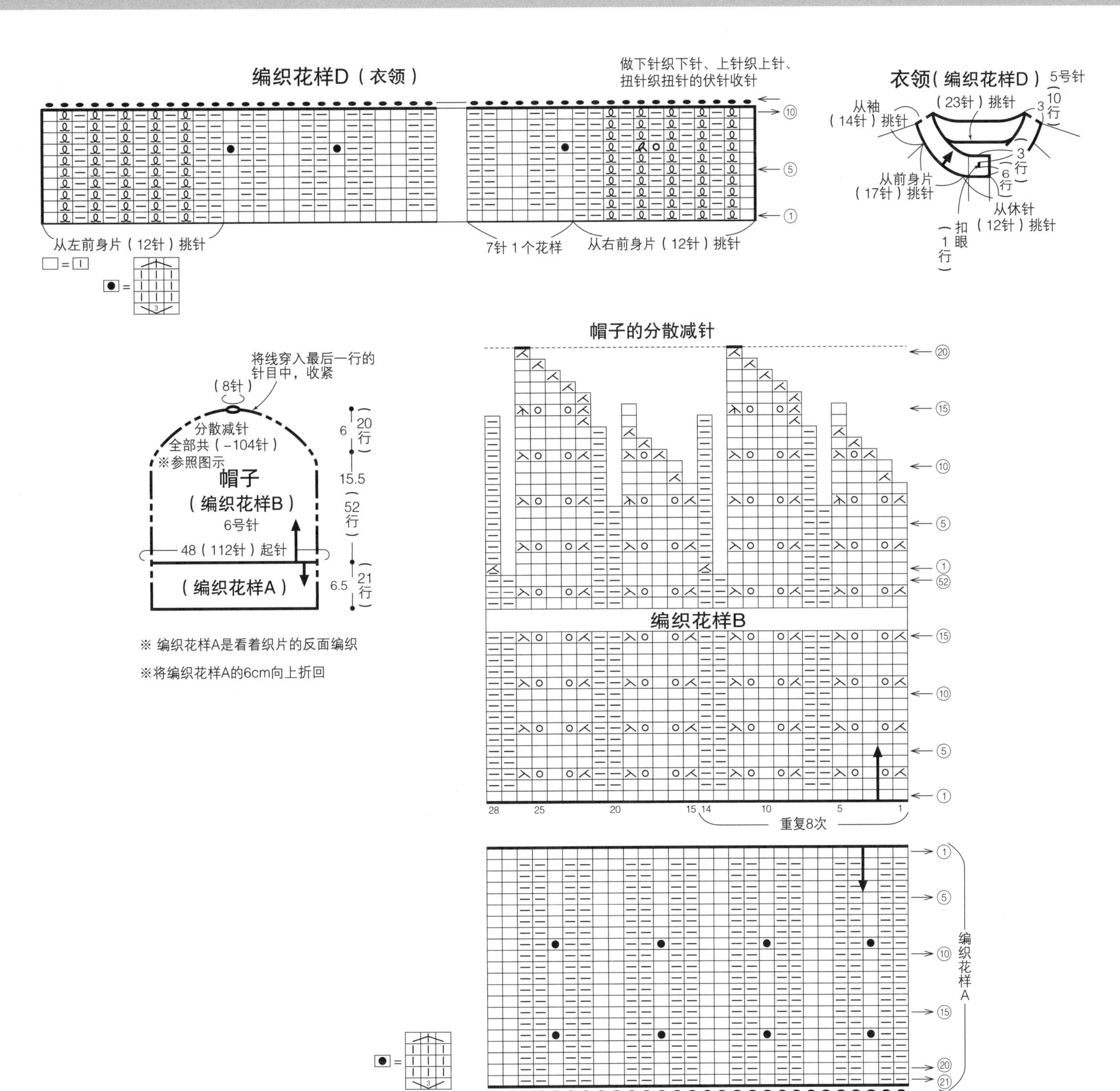

孔斯特蕾丝的起针

1

2

3

4

5

6

起出所需数量的针目，移至棒针上

材料 芭贝 Mille Colori 200G 深紫色系多色混合（45）390g/2团

工具 棒针9号、8号

成品尺寸
胸围90cm，衣长56cm，连肩袖长62cm（实际测量）

编织密度
10cm×10cm面积内：下针编织18针，24行；桂花针16针，28行

编织要点

●**身片** 按照孔斯特蕾丝的起针方法，起7针。背部中心的1针做下针编织，两侧编织桂花针，每2行做挂针加针，共编织95行。接下来从★的位置开始，将下针编织的部分连接成环形编织。到第30行为止，后背中心的两侧做挂针的加针，前身片中心做立起1针的减针。（有2针下针立起。）随后，右前身片、左前身片分别参照图示，一边减针一边编织，图中标示的是右前身片，使用同样的方法对称编织左前身片。

●**袖** 从身片的休针部分挑取针目，编织袖下的同时做卷针加针。第6行之后，右袖、左袖分别编织。

●**组合** 袖下使用钩针引拔接合。对齐标记之间，使用毛线缝针做对齐针与行的缝合。参照图示，衣领挑取针目，立起前身片的中心的2针下针，环形编织桂花针，编织的同时，每行减2针。编织终点，做下针织下针、上针织上针的伏针收针。

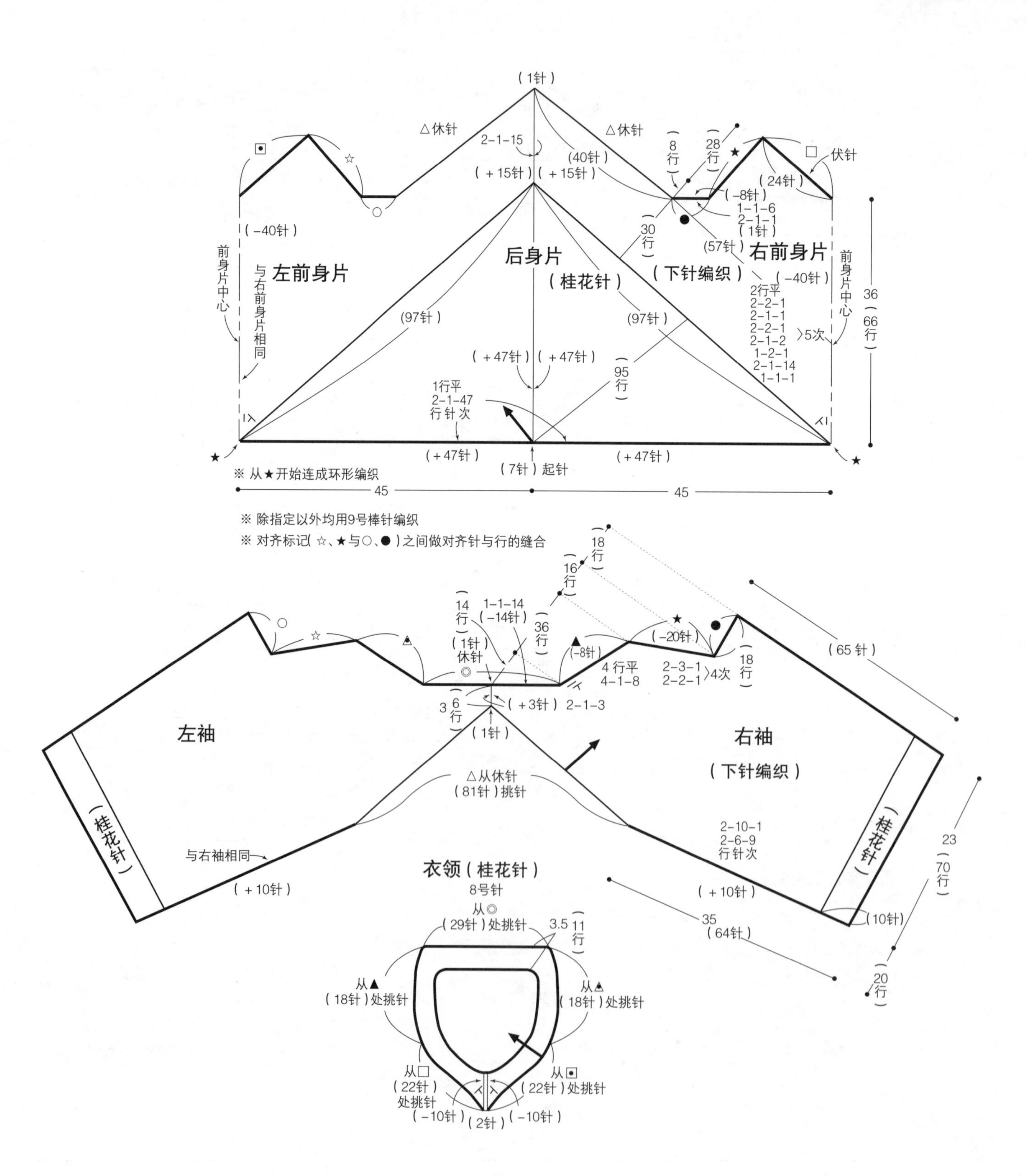

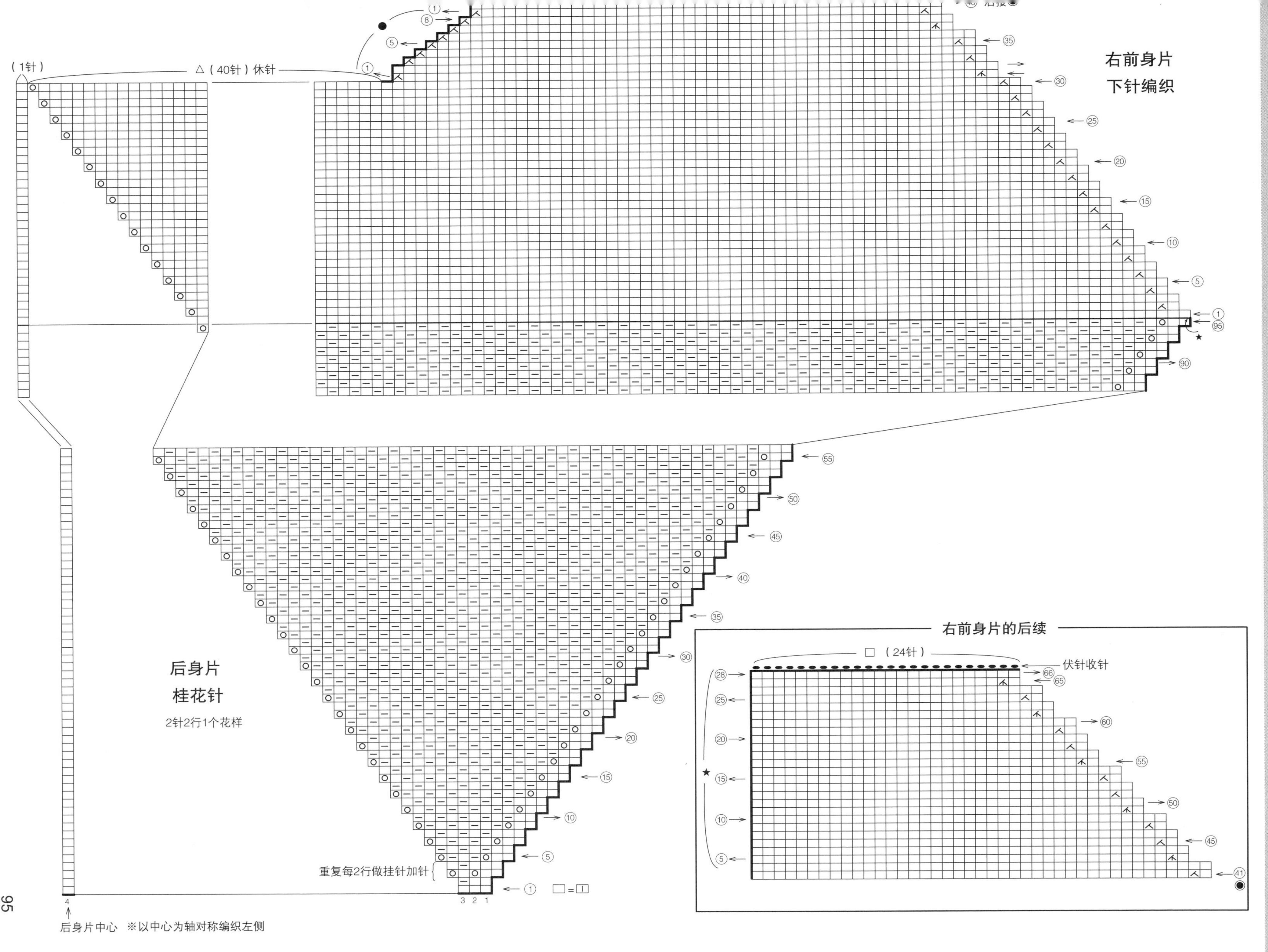

右前身片
下针编织
△（40针）休针
（1针）
后身片
桂花针
2针2行1个花样
重复每2行做挂针加针
右前身片的后续
□（24针）
伏针收针
后身片中心 ※以中心为轴对称编织左侧

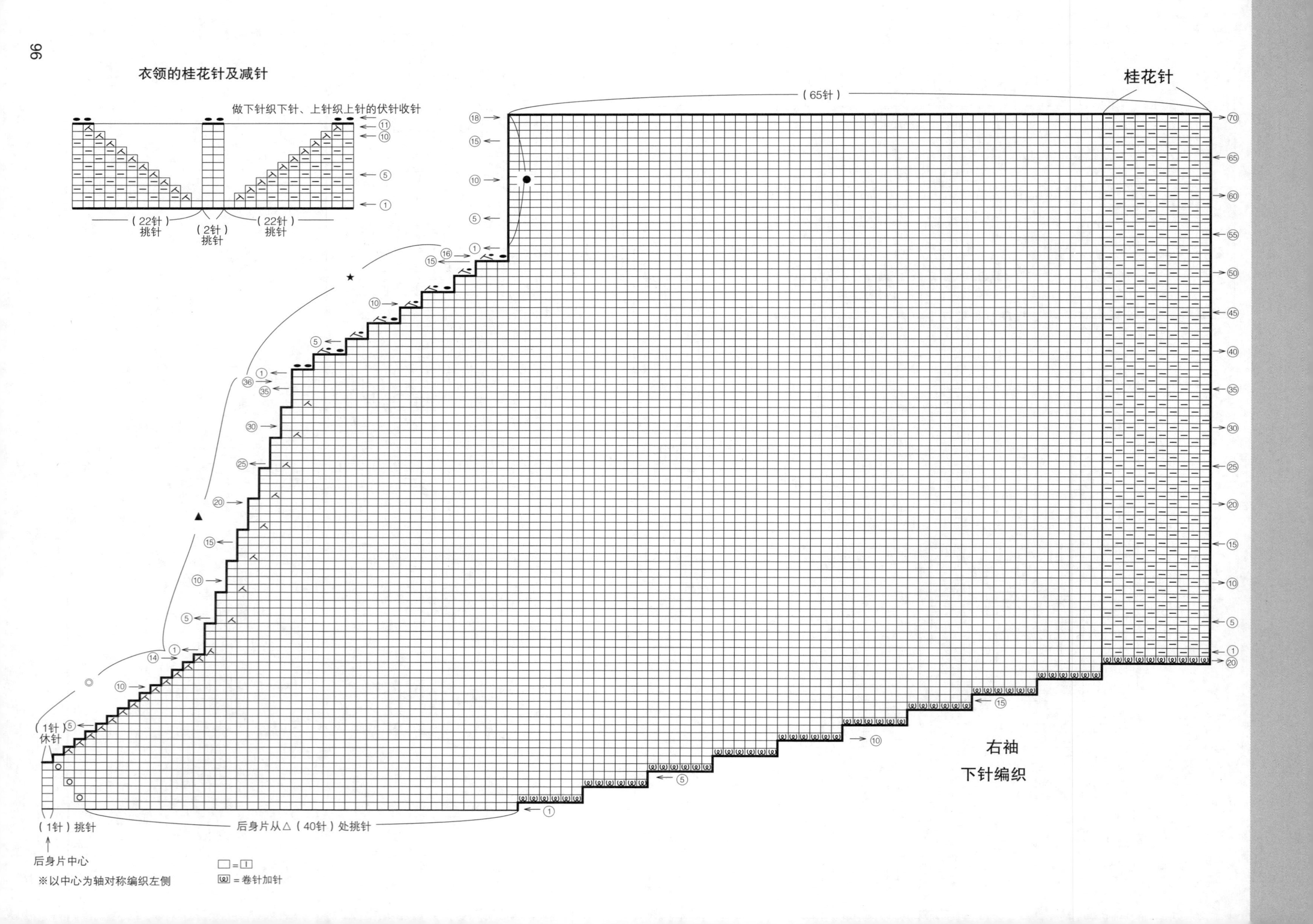

衣领的桂花针及减针
做下针织下针、上针织上针的伏针收针
（22针）挑针
（2针）挑针
（22针）挑针
桂花针
（65针）
右袖
下针编织
（1针）休针
（1针）挑针
后身片从△（40针）处挑针
后身片中心
※以中心为轴对称编织左侧
□=□
ω=卷针加针

材料 芭贝 Pinacoteca 藏青色系混合（907）M号/310g/8团、L号/355g/9团

工具 钩针6/0号

成品尺寸
M号/胸围90cm，衣长49cm，连肩袖长62.5cm
L号/胸围99cm，衣长52cm，连肩袖长63.5cm

编织密度
编织花样4个花样为9cm，10行为10cm

编织要点
●**身片** 锁针起针，起指定数量的针目，连接成环形。无加、减针，钩织指定行数的编织花样，腋下部分，在两胁各留2个花样。
●**袖** 锁针起针，起指定数量的针目，连接成环形。无加、减针，钩织30行的编织花样，腋下部分留2个花样。
●**育克** 从身片、袖上挑取针目继续编织编织花样。参照图示在插肩袖窿处做减针。
●**组合** 腋下使用毛线缝针做卷针缝缝合。从领窝挑取针目，钩织1行短针。

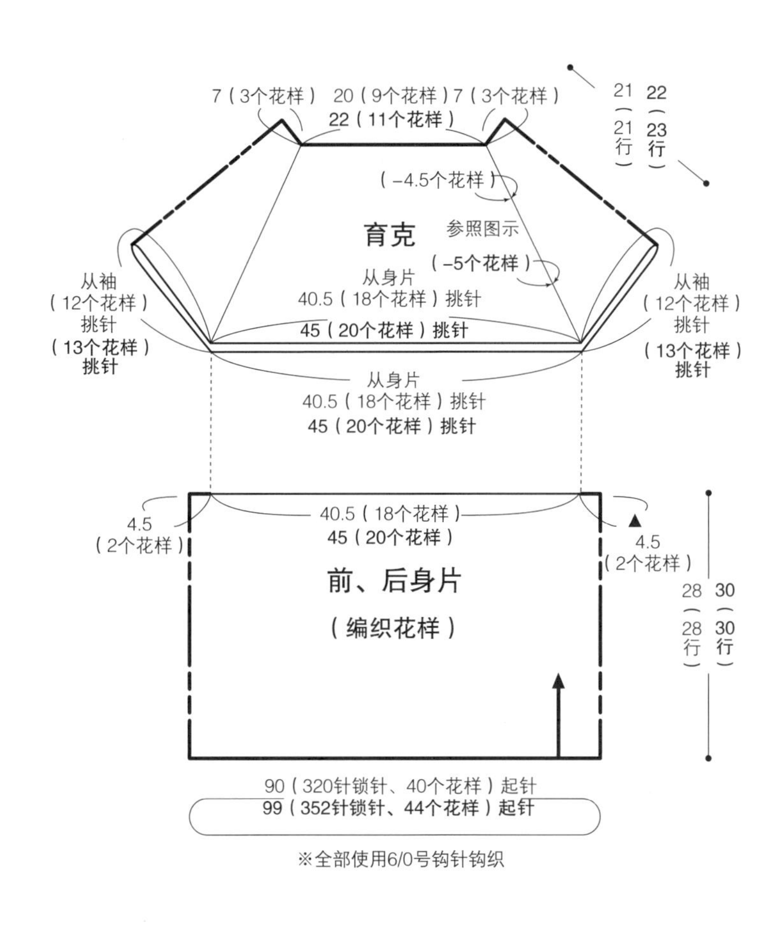

※全部使用6/0号钩针钩织

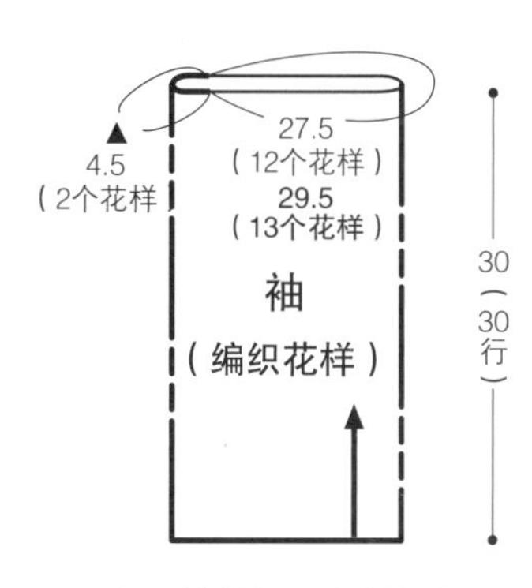

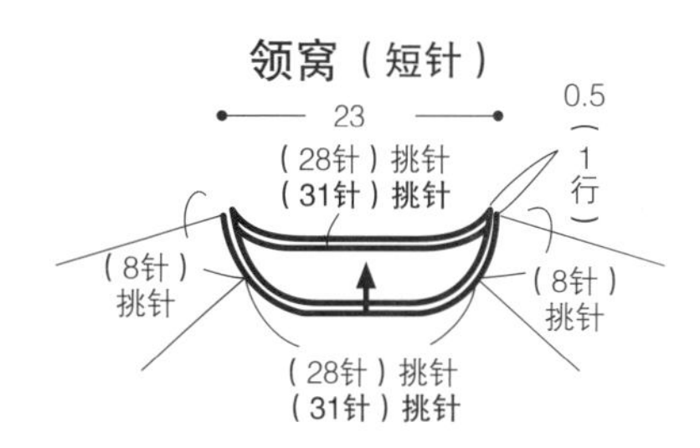

标示的数据是按照M号、L号的顺序。只有一个标示的地方，为两个尺寸通用。

编织花样

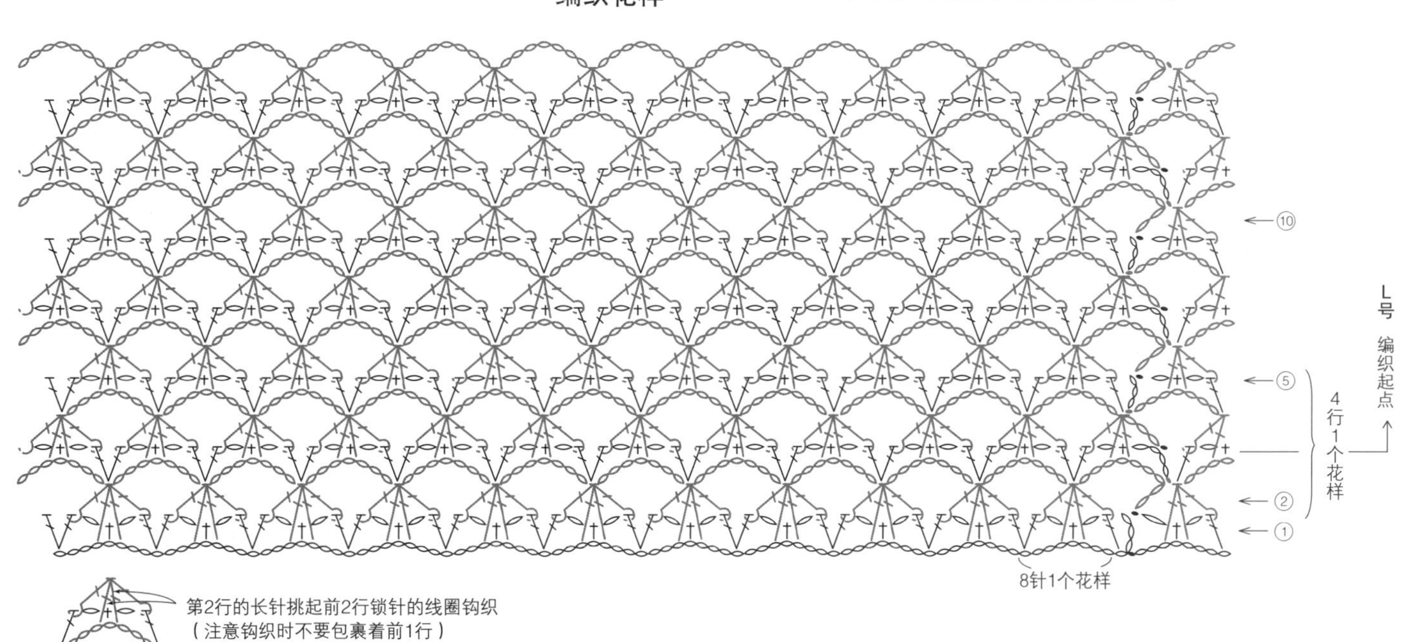

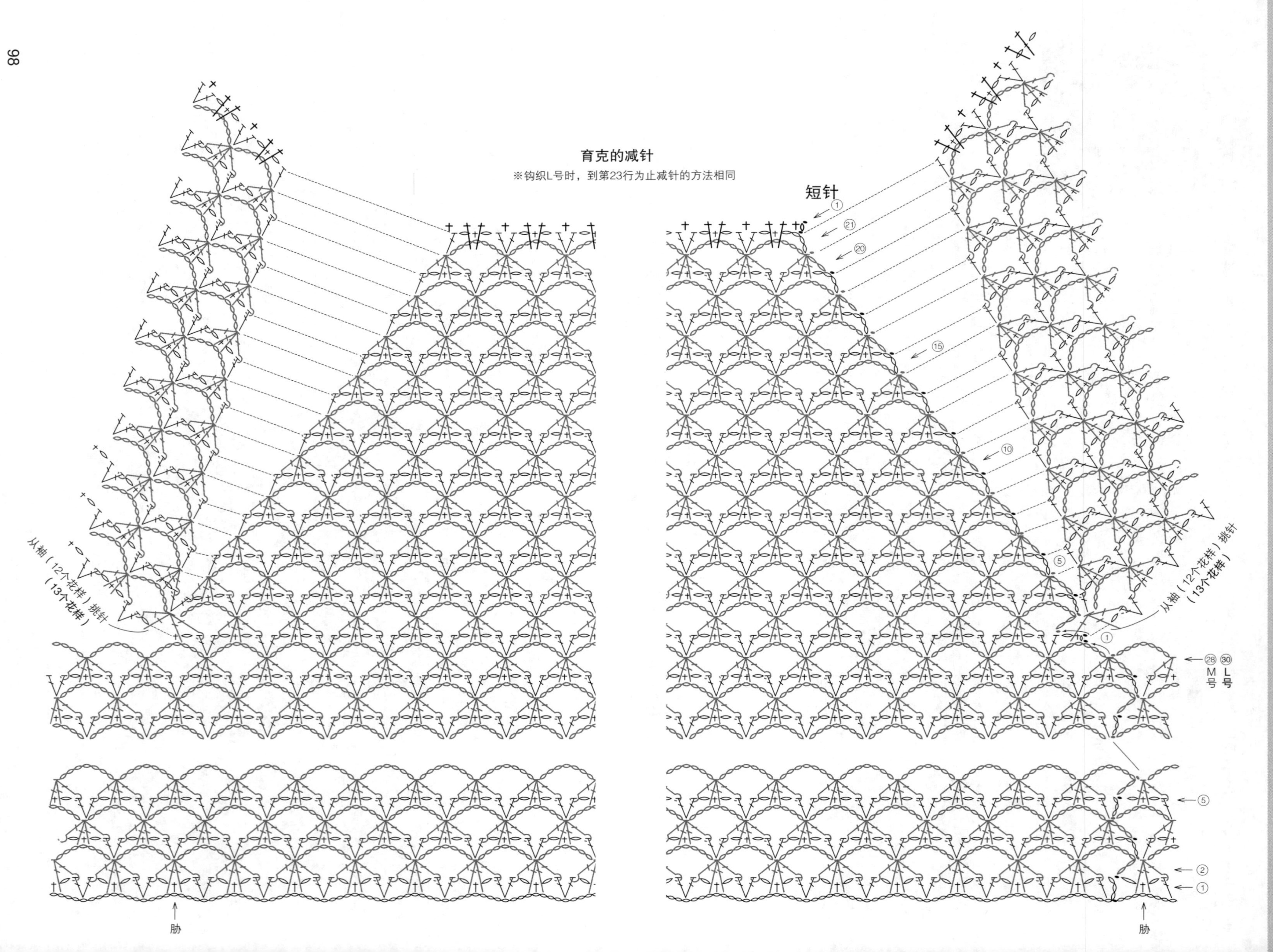

育克的减针
※钩织L号时，到第23行为止减针的方法相同
短针
从袖（12个花样）挑针
（13个花样）
⑱M号 ㉚L号
胁

材料 芭贝 Boboli 亮米色（434）M号/440g/11团、L号/485g/13团，直径20mm的纽扣5颗

工具
棒针5号、4号

成品尺寸
M号／胸围93.5cm，衣长54.5cm，连肩袖长63cm
L号／胸围104.5cm，衣长56.5cm，连肩袖长66cm

编织密度
10cm×10cm面积内：编织花样A、A'、B、B'、C均为30针，30行

编织要点
●前、后身片 手指起针，按编织花样A编织，前、后身片连续编织15行，第1行是从反面编织的行，请注意。接下来按编织花样B、编织花样C编织。腋下的21针编织伏针，从插肩袖窿开始，右前身片、后身片、左前身片分别编织。1针减针时，立起侧边3针减针；2针减针时，编织3针并1针。

●袖 与身片使用同样的方法开始编织，依次编织编织花样A'、B'、C。在变化花样的第1行，参照图示做加针。腋下的针目编织伏针，插肩袖窿处减针时，与身片的处理方法相同。衣袖左右对称各编织1片。

●组合 腋下使用毛线缝针做下针编织无缝缝合，插肩袖窿、袖下使用毛线缝针做挑针缝缝合。前门襟、衣领挑取指定数量的针目，编织单罗纹针。在右前门襟编织扣眼。编织终点做单罗纹针收针。

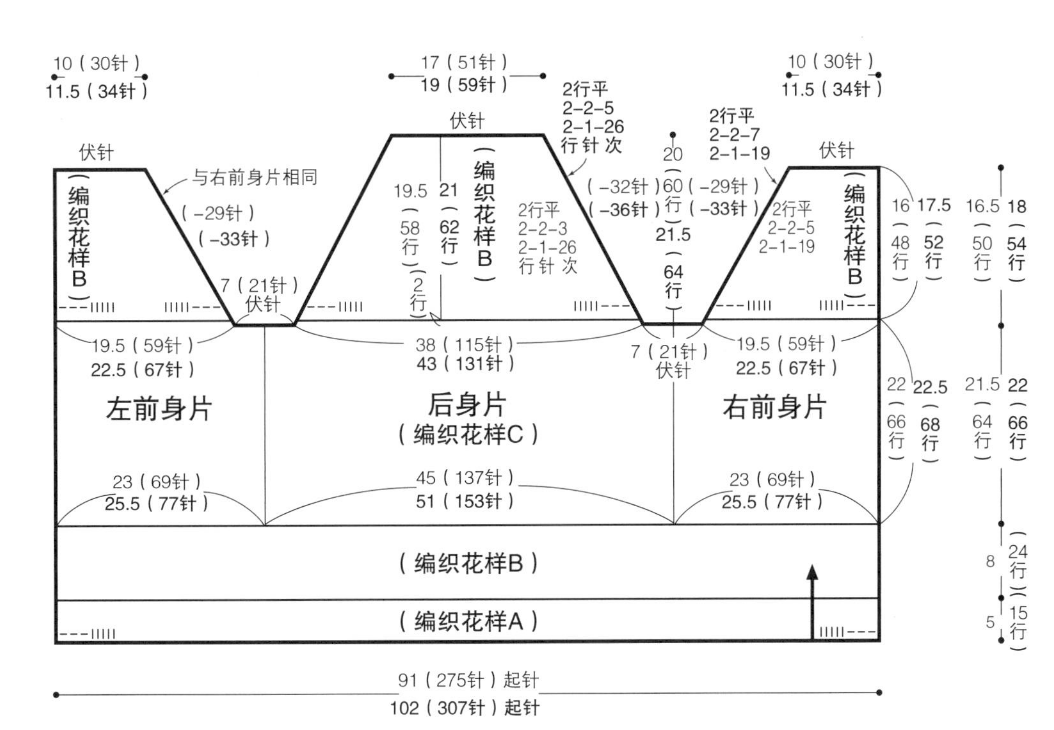

※ 除指定以外均用5号棒针编织

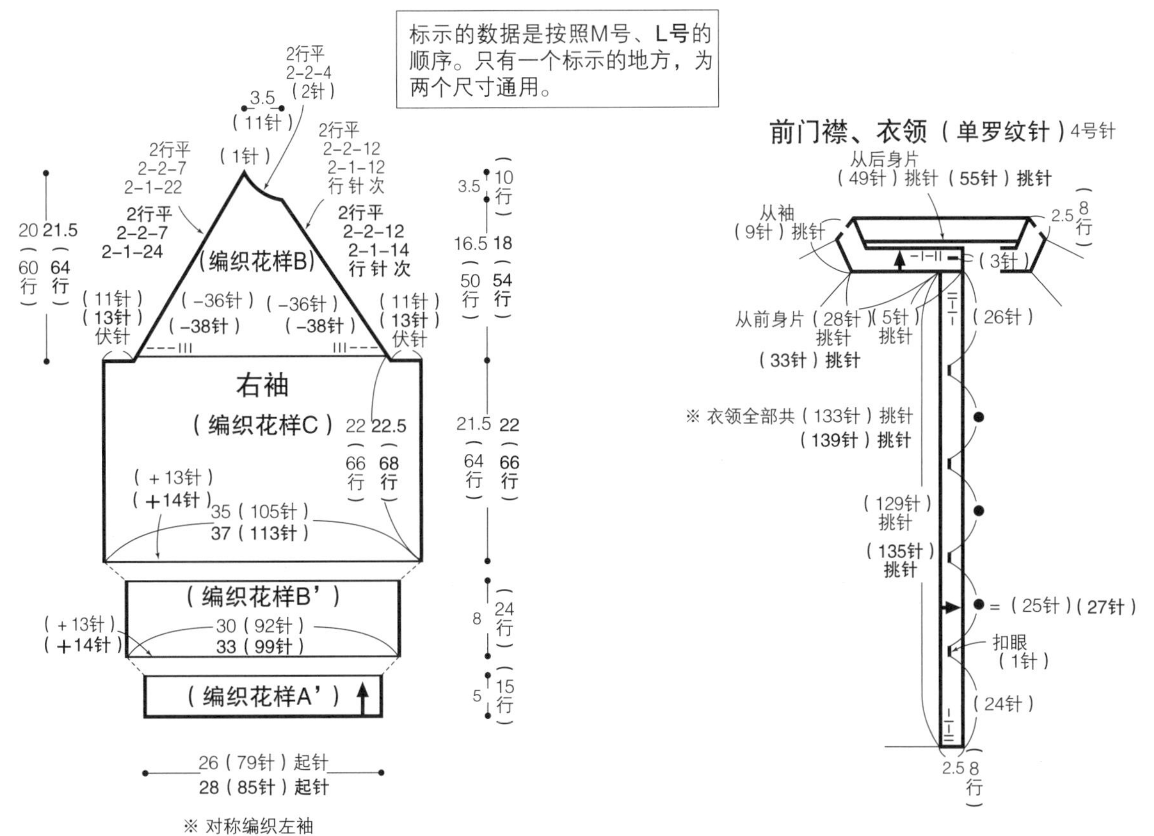

※ 对称编织左袖

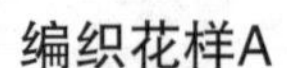

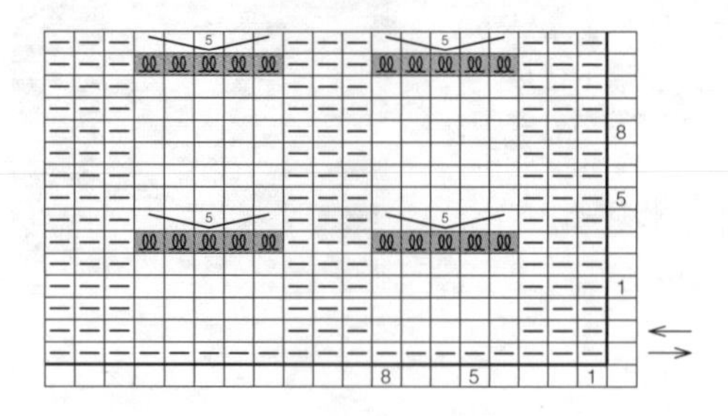

① 将前一行的绕线编的针目还原为较长的1针

② 编织左上5针并1针，再1针放5针

编织5针2卷绕线编

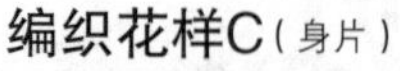

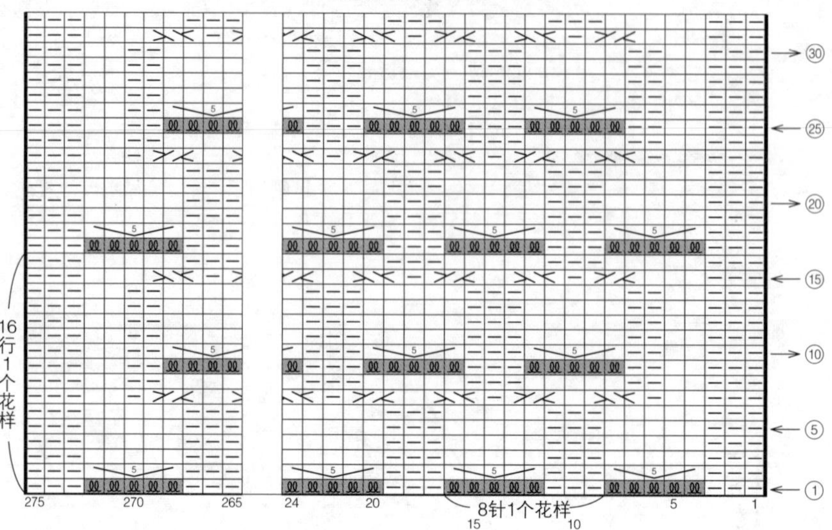

编织花样B

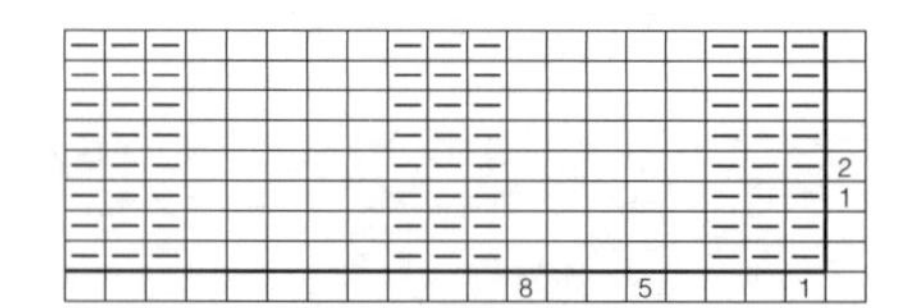

单罗纹针

袖的分散加针

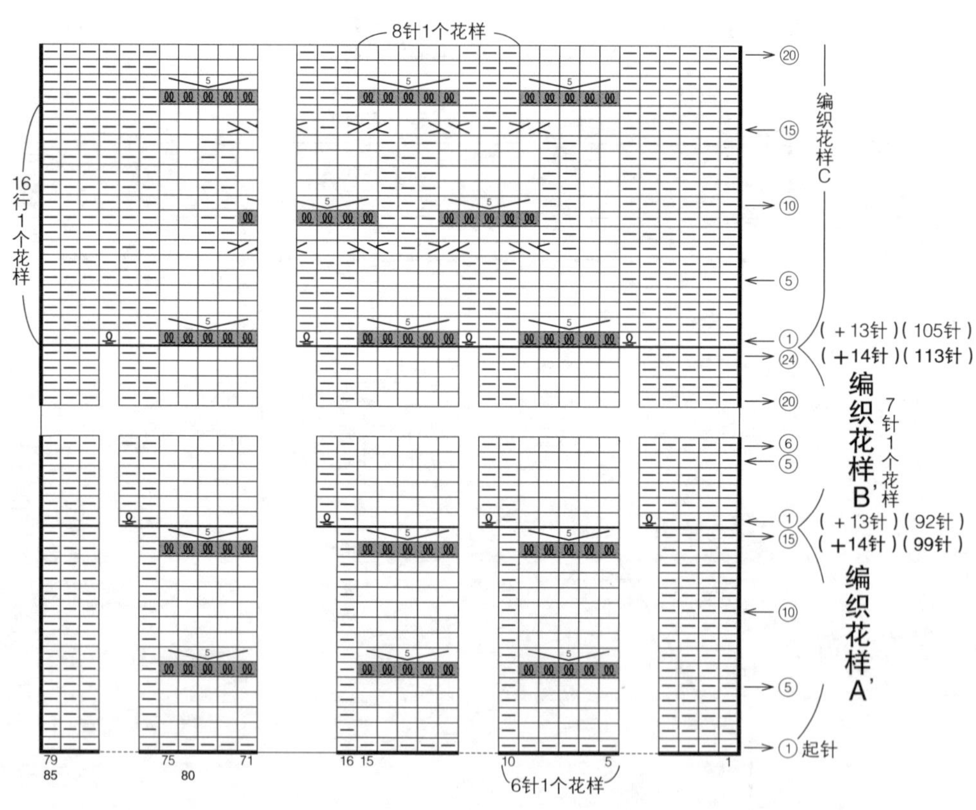

扣眼（右前门襟）

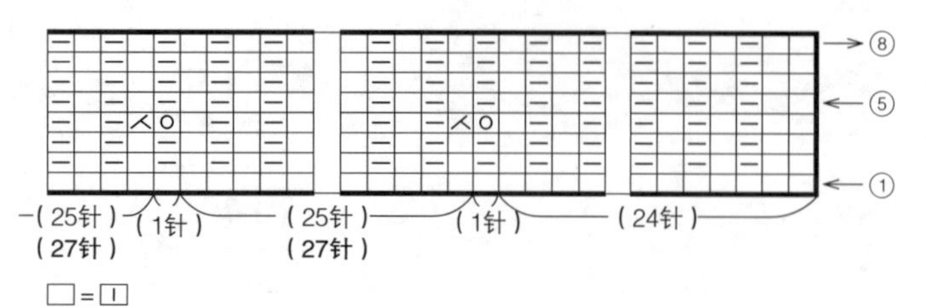

扣眼（衣领）

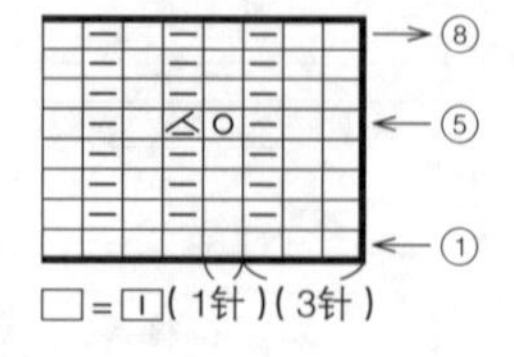

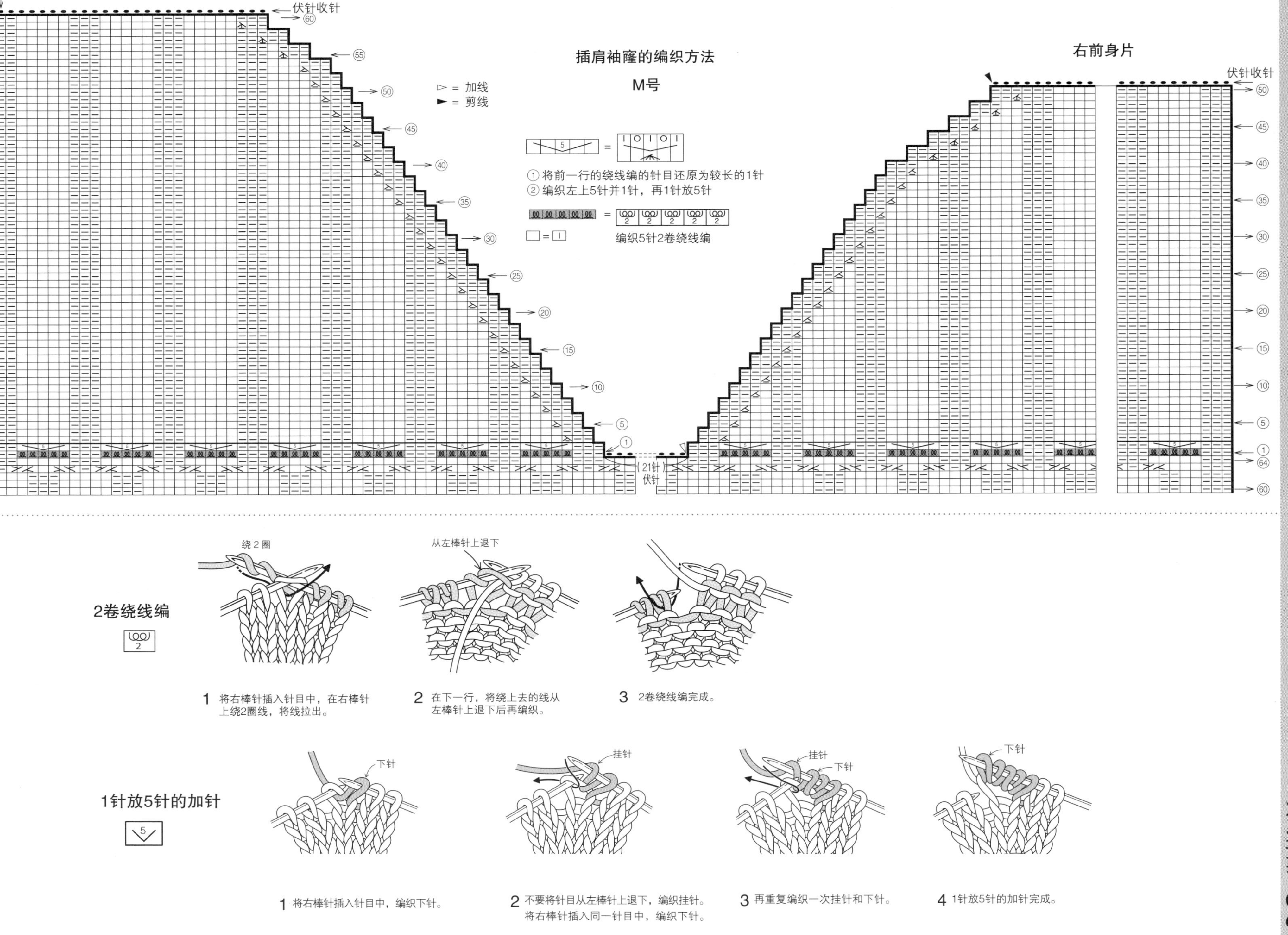

后身片中心
后身片
伏针收针
右前身片
伏针收针
插肩袖窿的编织方法
M号
▷ = 加线
▶ = 剪线
① 将前一行的绕线编的针目还原为较长的1针
② 编织左上5针并1针，再1针放5针
编织5针2卷绕线编
(21针)伏针
2卷绕线编
绕2圈
从左棒针上退下
1 将右棒针插入针目中，在右棒针上绕2圈线，将线拉出。
2 在下一行，将绕上去的线从左棒针上退下后再编织。
3 2卷绕线编完成。
1针放5针的加针
下针
挂针
1 将右棒针插入针目中，编织下针。
2 不要将针目从左棒针上退下，编织挂针。将右棒针插入同一针目中，编织下针。
3 再重复编织一次挂针和下针。
4 1针放5针的加针完成。

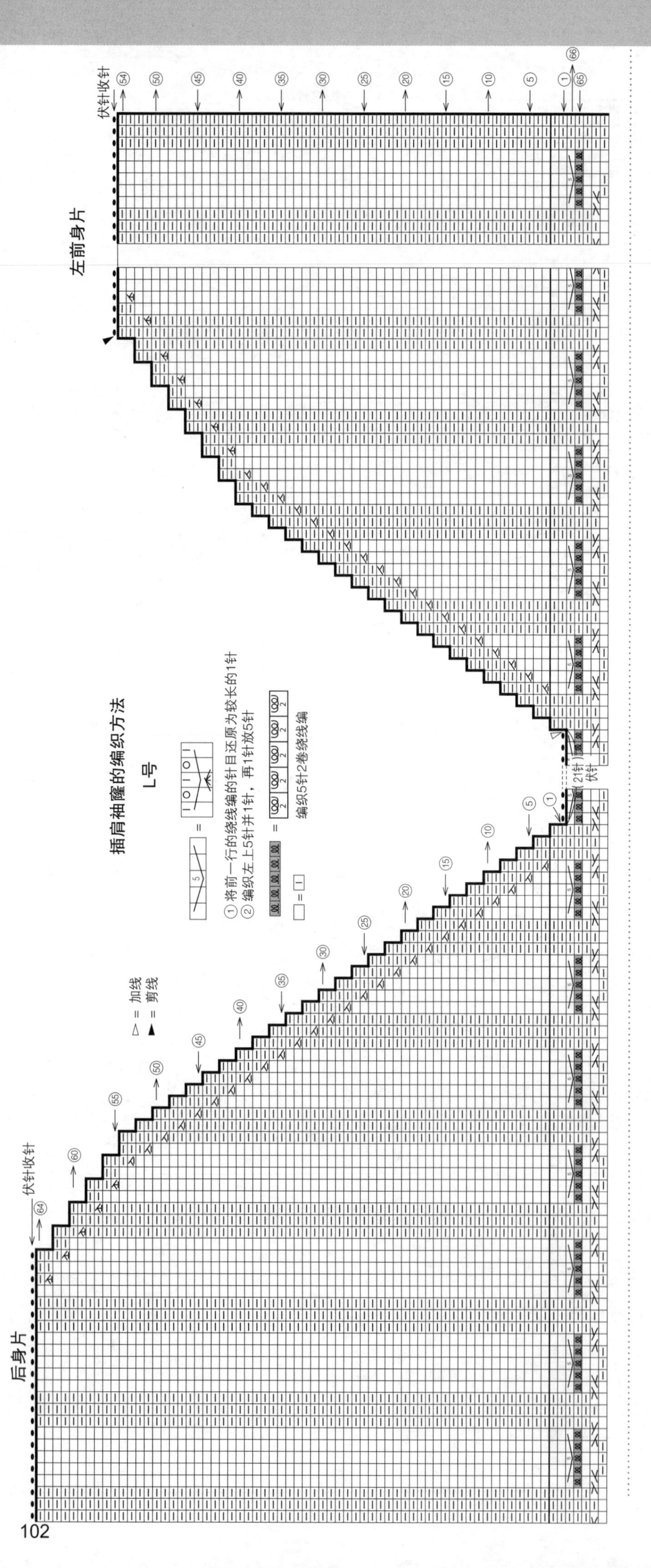

双罗纹针收针

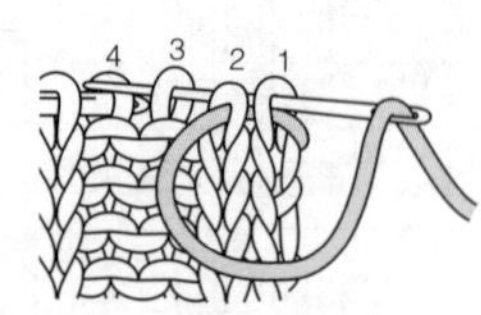

1 参照图示，将针插入针目1、2后，再次将针插入针目1，随后从针目3的前侧入针、后侧出针。

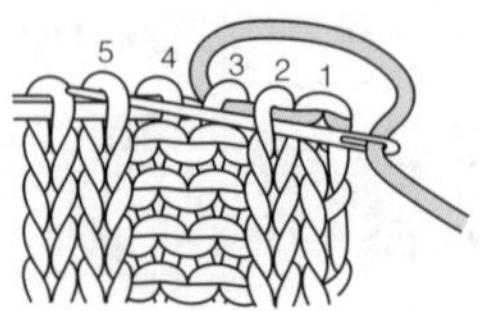

2 从针目2的前侧入针，从针目5的后侧入针、前侧出针。

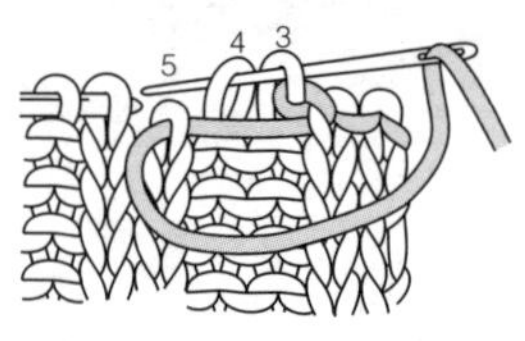

3 上针之间，从针目3的后侧入针，从针目4的前侧入针、后侧出针。

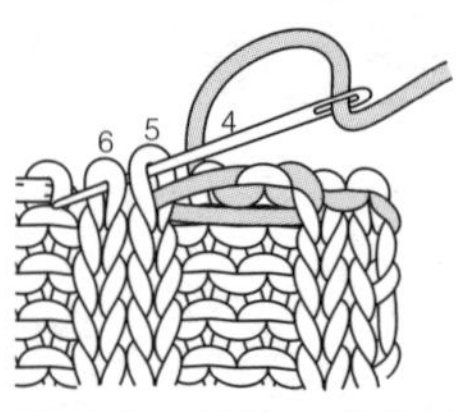

4 下针之间，从针目5的前侧入针，从针目6的后侧入针、前侧出针。

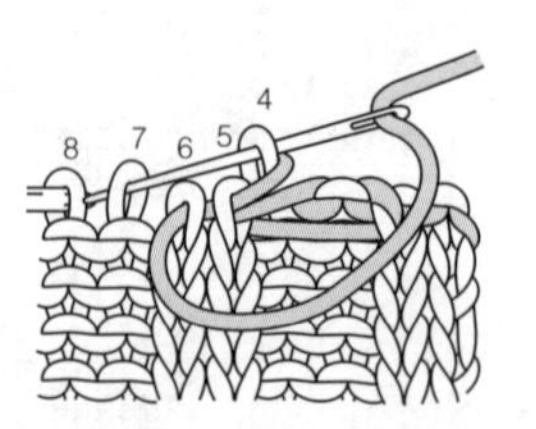

5 上针之间，从针目4的后侧入针，从针目7的前侧入针、后侧出针。重复步骤2~5。

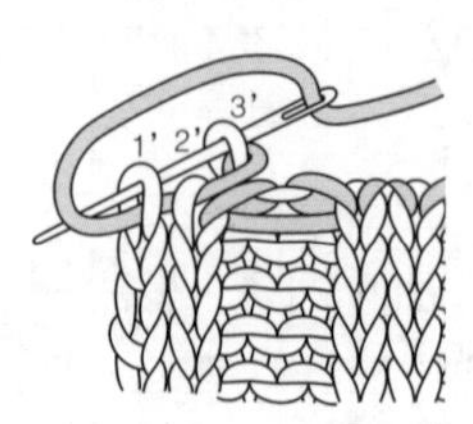

6 最后如图所示穿针。

单罗纹针收针

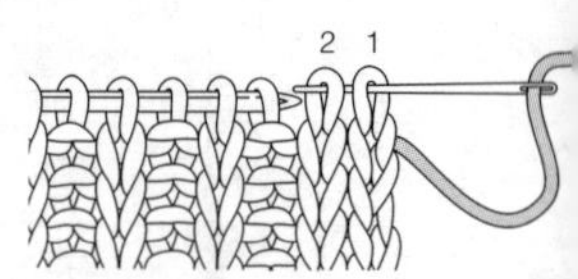

1 从针目1的前侧入针，针目2的前侧出针。

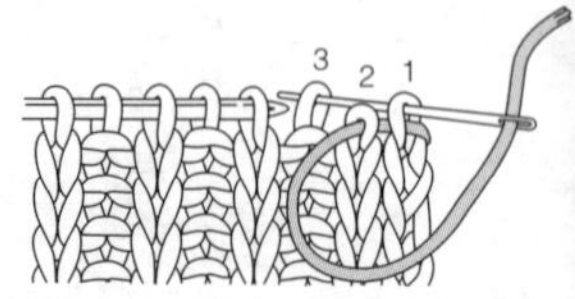

2 从针目1的前侧入针，针目3的后侧出针。

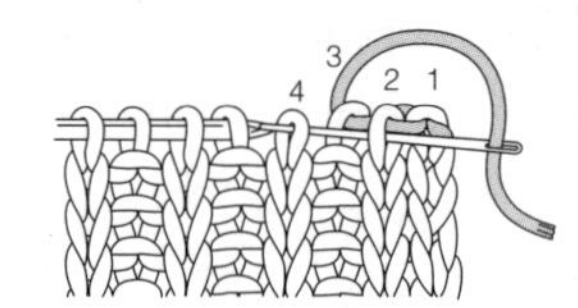

3 从针目2的前侧入针，针目4的前侧出针（下针和下针）。

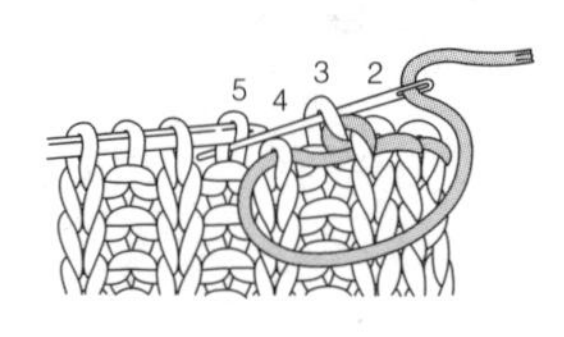

4 从针目3的后侧入针，针目5的后侧出针（上针和上针）。重复步骤3、4至边上。

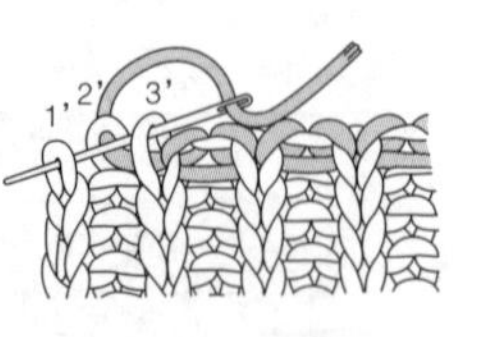

5 编织终点，从针目3’的前侧入针，针目1’的前侧出针。

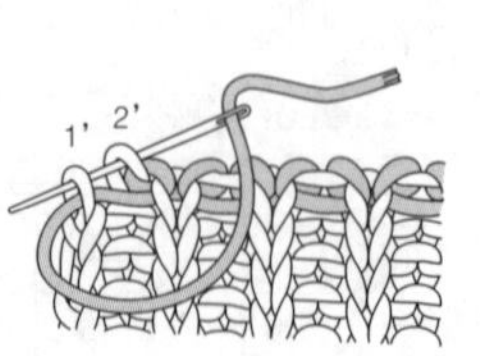

6 从针目2’的后侧入针，针目1’的前侧出针。

材料 芭贝 Princess Anny 灰茶色（529）M号/440g/11团、L号/470g/12团

工具
棒针7号、6号、5号、4号

成品尺寸
M号／胸围93cm，肩宽33cm，衣长56.5cm，袖长54.5cm
L号／胸围102cm，肩宽35cm，衣长58cm，袖长56cm

编织密度
10cm×10cm面积内：编织花样A 26针，32行；编织花样A' 25.5针，31行

编织要点
●**身片** 手指起针，使用7号棒针编织编织花样A'。分散减针参见图示。接下来换为6号棒针，按编织花样A编织。袖窿、领窝处，2针及2针以上减针时，做伏针减针；1针时做立起侧边1针减针。
●**袖** 手指起针，按编织花样A编织。袖下加针时，在1针内侧编织扭针加针。袖山处，2针及2针以上减针时，做伏针减针；1针时做立起侧边1针减针。
●**组合** 肩部正面相对做盖针接合，胁、袖下使用毛线缝针做挑针缝缝合。从领窝挑取针目，按编织花样B编织。编织终点，将扭针扭一下挑取，将3针连续的下针的中间1针当作上针挑取，做单罗纹针收针。将衣袖与身片正面相对，使用钩针将衣袖引拔接合到身片上。

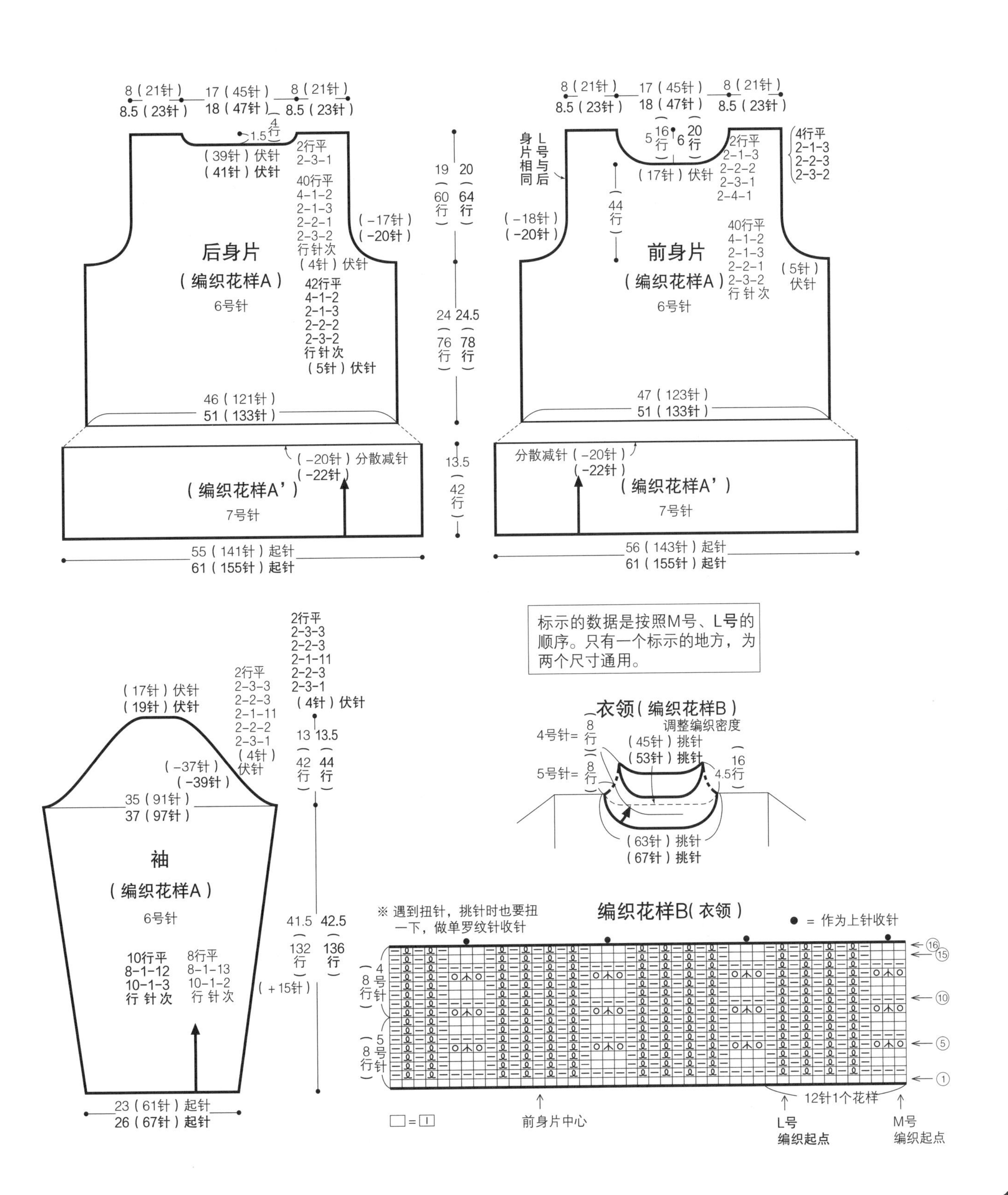

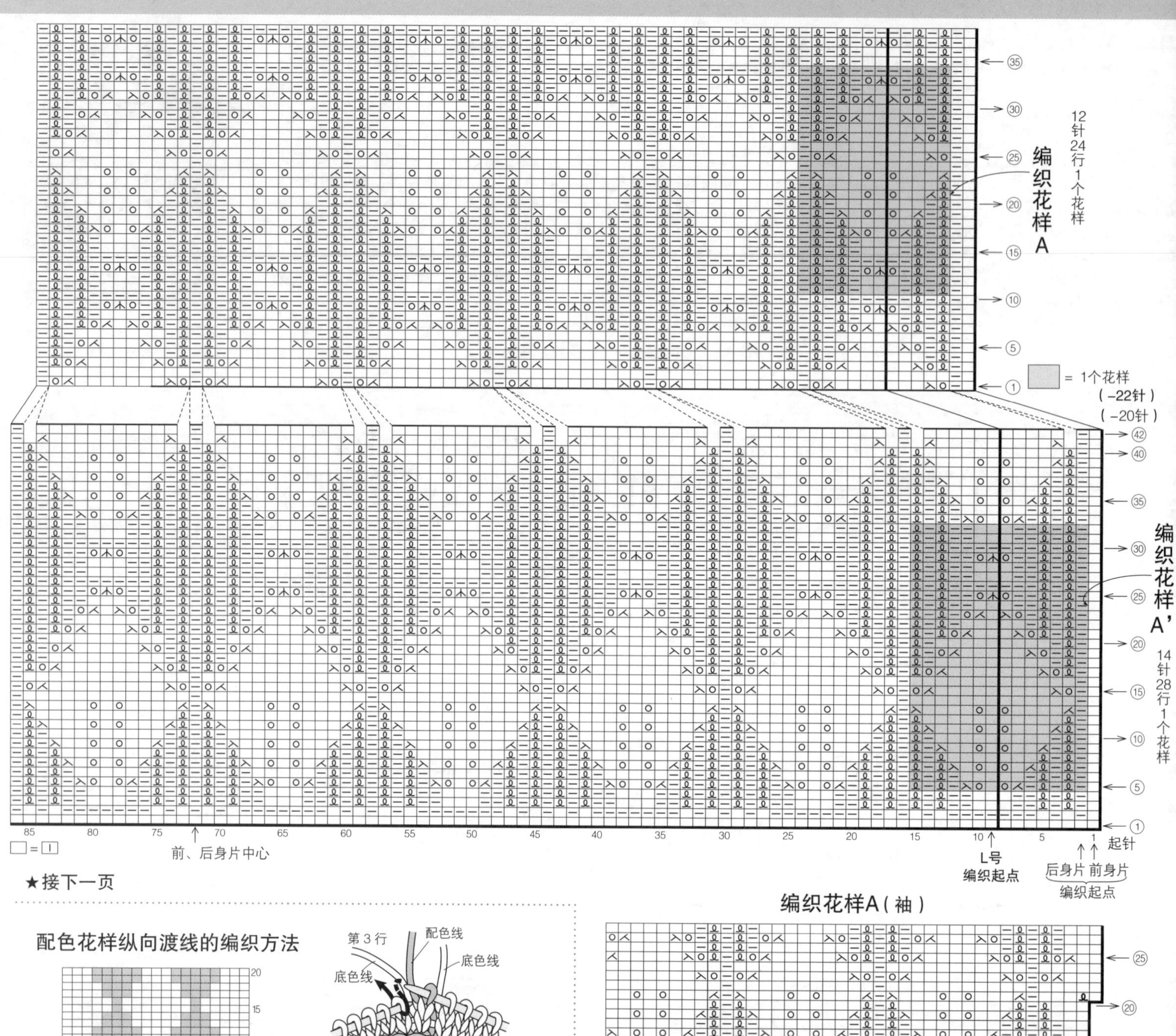

★接下一页

编织花样A(袖)

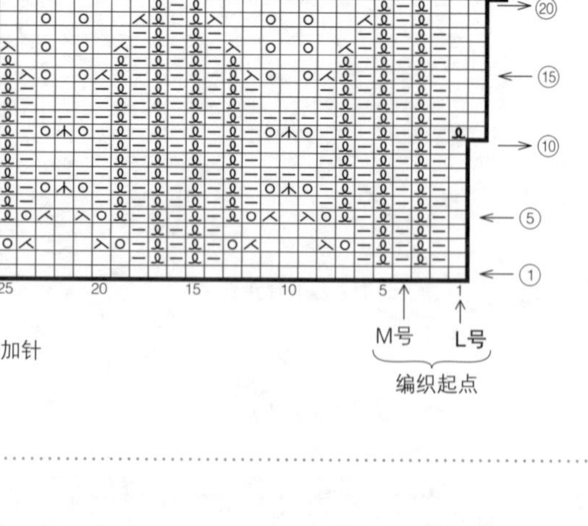

□=丨 ⍜、⍜=扭针加针

配色花样纵向渡线的编织方法

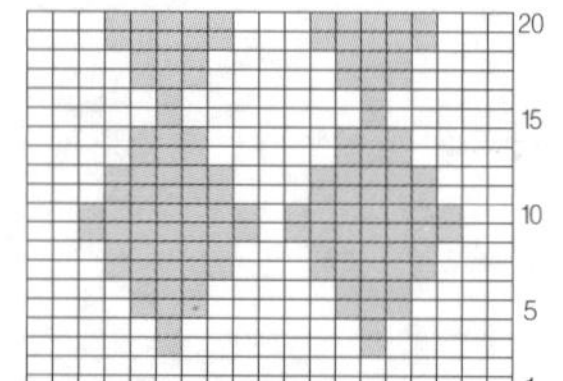

1 在菱形花样的各个顶端分别加线开始编织。

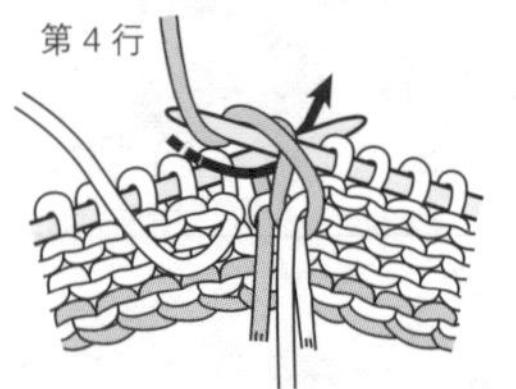

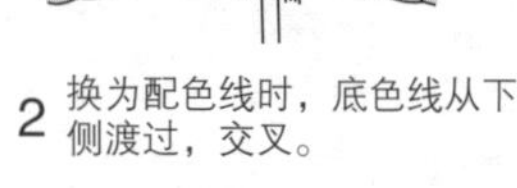

2 换为配色线时，底色线从下侧渡过，交叉。

3 换为底色线时，同样从下侧渡过，交叉。

4 看着正面编织的行，也是从编织线的下侧渡过，交叉。

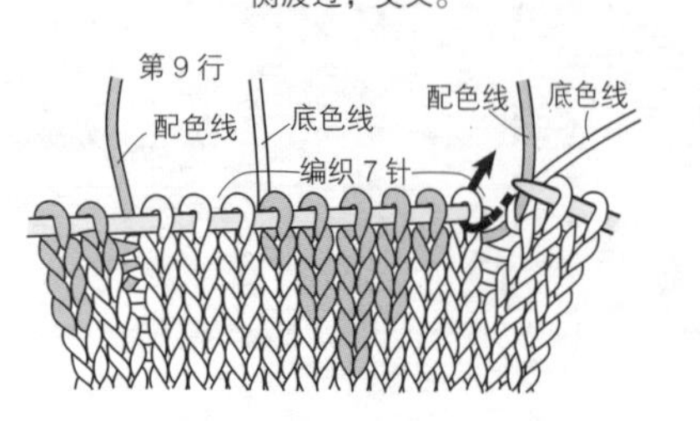

5 由于这个花样是每2行的菱形花样，所以花样会在下针一侧变化。

6 上针一侧与前一行使用同样颜色的线编织。换颜色的时候将两种颜色的线交叉。

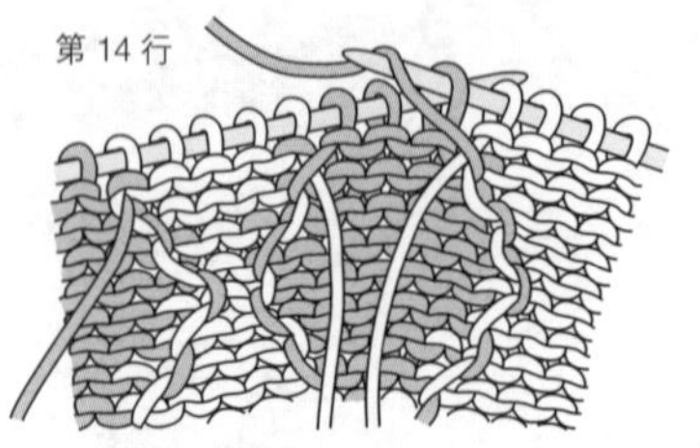

7 编织了14行后的样子。从反面看呈这样的状态。

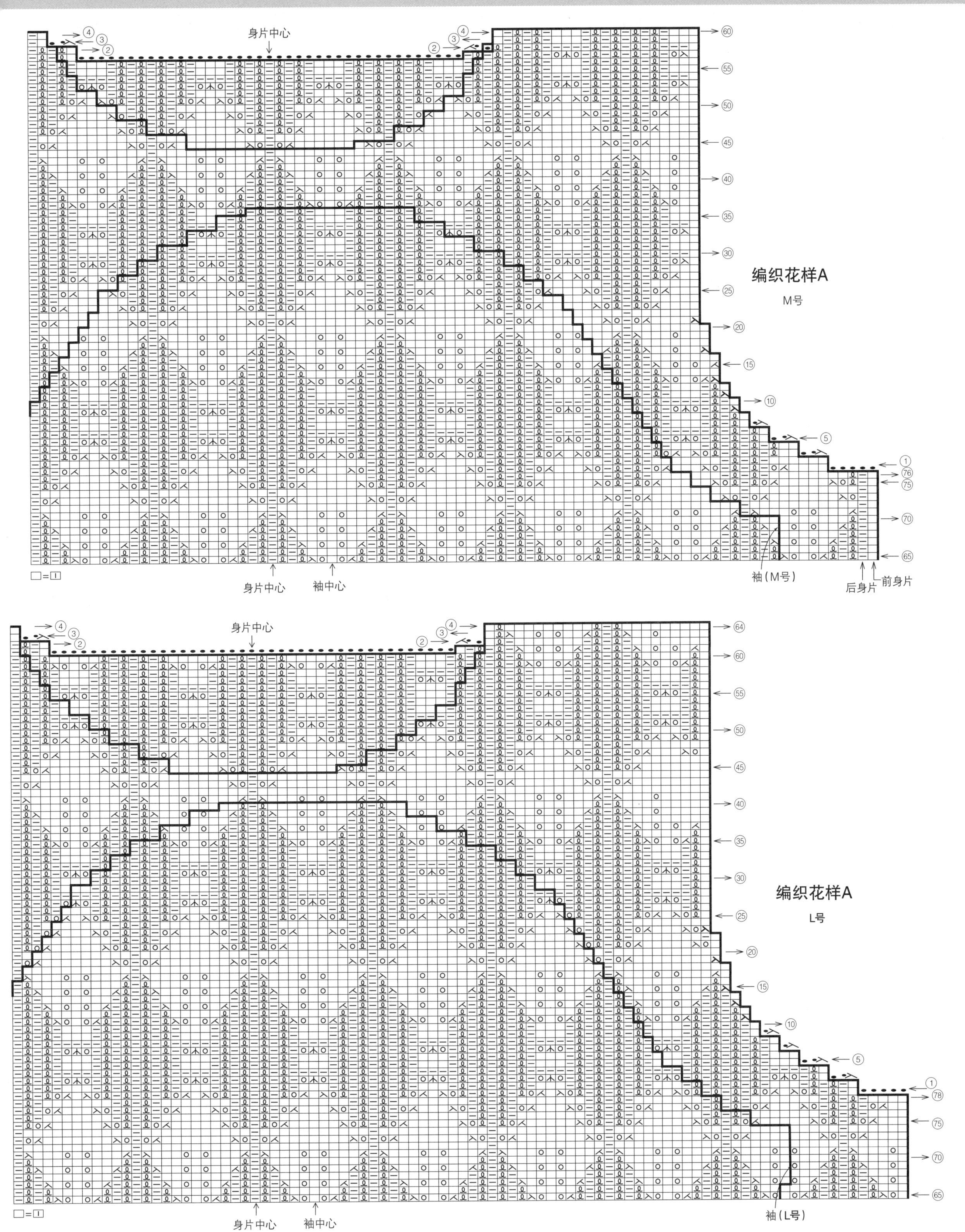
身片中心
编织花样A
M号
身片中心
袖中心
袖（M号）
后身片
前身片
□=□
身片中心
编织花样A
L号
身片中心
袖中心
袖（L号）
□=□

材料 **33**Extri Jumbo Alpaca 绿色（010）、紫色（009）各150g/各1桄，3D塑形线1m
34Extri Jumbo Alpaca 红色（007）420g/3桄

工具
超粗棒针25mm

成品尺寸
33／宽20cm，长115cm
34／宽45cm，长152cm

编织密度
10cm×10cm面积内：33/单罗纹针6.5针，3行；34/下针编织4针，5行

编织要点
33／手指起针，起13针，编织32行单罗纹针。编织终点伏针收针，将线剪断。将3D塑形线剪为33cm和67cm，分别参照组合方法图穿到线中，缝到织片上。
34／另线锁针起针，起18针，组合编织下针编织和单罗纹针。编织终点与编织起点之间，使用毛线缝针做下针编织无缝缝合，连接成筒状。最后，使用毛线缝针对齐标记之间挑针缝合在一起。

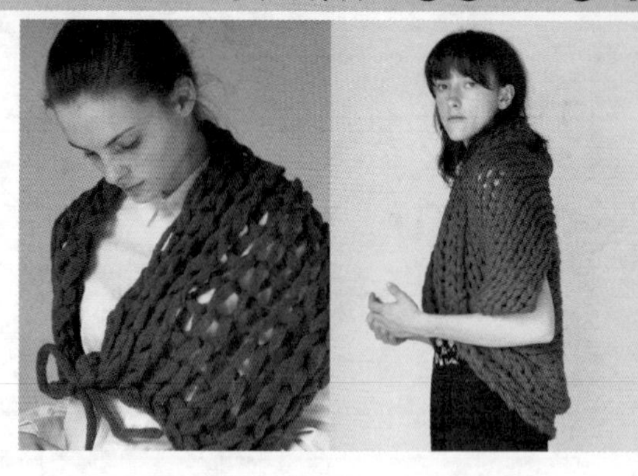

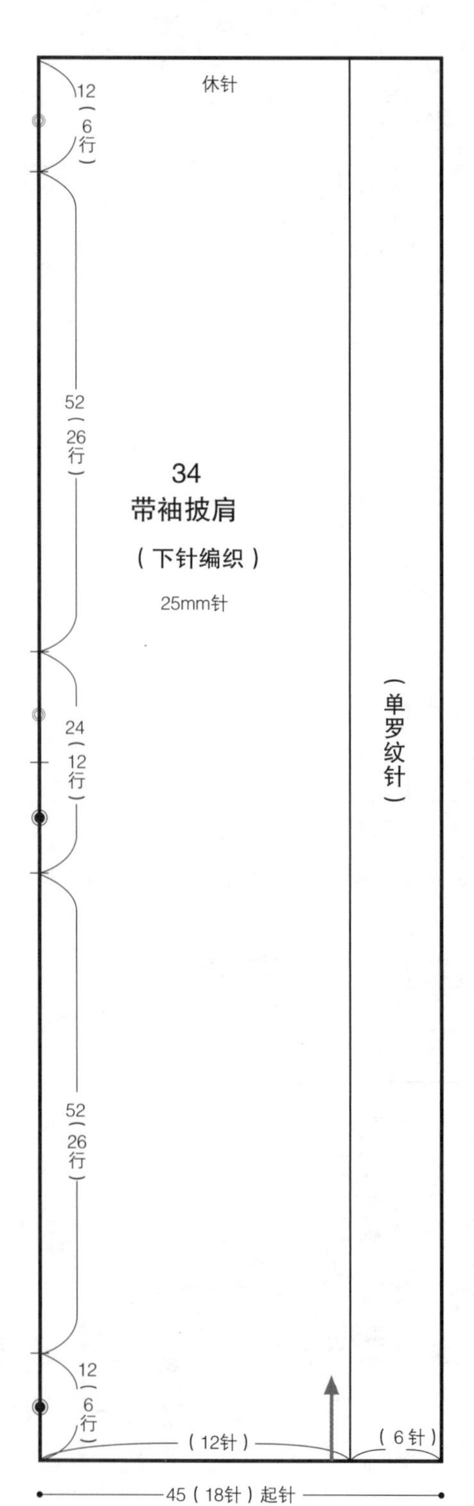

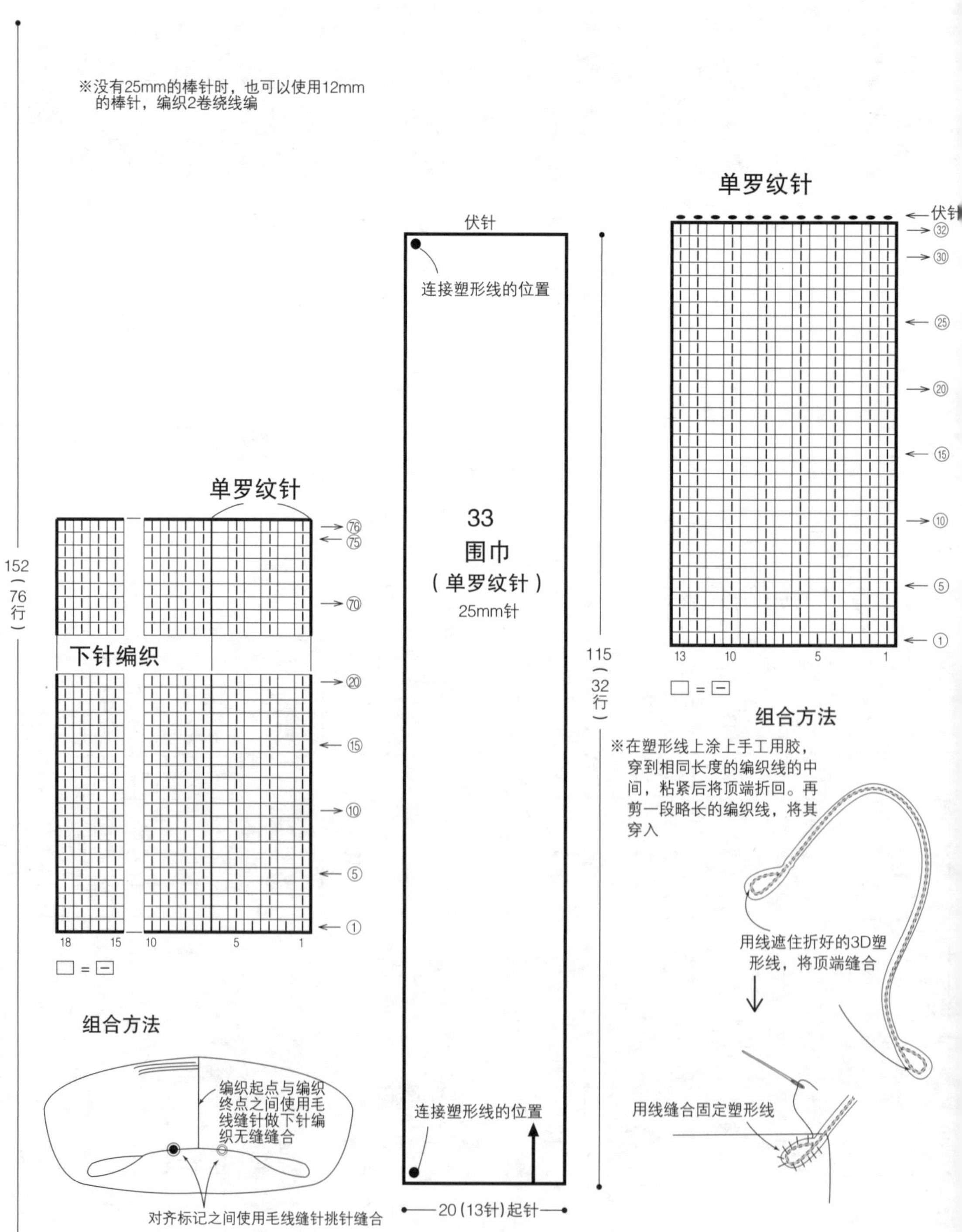

材料 芭贝 Queen Anny 暗灰色（946）M号/760g/16团、L号/800g/16团，直径23mm的纽扣6颗

工具
棒针10号、8号、6号、4号

成品尺寸
M号／胸围103cm，肩宽34cm，衣长60.5cm，袖长55cm
L号／胸围114.5cm，肩宽36cm，衣长61.5cm，袖长55cm

编织密度
10cm×10cm面积内：编织花样A 25针，29行；编织花样B 26针，29行

编织要点
●**身片** 另线锁针起针，起指定数量的针目，参照图示组合编织编织花样A、B。在第42行的右胁、接下来的第1行的左胁，各做6针卷针加针。在加针的下一行，减1针后，无加、减针编织至第70行。袖窿、领窝处，2针及2针以上减针时，做伏针减针；1针时做立起侧边1针减针。按照右前身片对称编织左前身片。
●**袖** 另线锁针起针，起指定数量的针目，参照图示组合编织编织花样A、B。袖下加针时，在1针内侧编织扭针加针。增加的针目全部做上针编织。袖山处，2针及2针以上减针时，做伏针减针；1针时做立起侧边1针减针。
●**组合** 拆开下摆、袖口的另线锁针，挑取针目，编织双罗纹针。编织终点做双罗纹针收针。肩部正面相对做盖针接合，胁、袖下使用毛线缝针做挑针缝缝合。均从前、后身片的胁部挑取针目，编织8行双罗纹针。编织终点做双罗纹针收针。行的部分，使用毛线缝针做对齐针与行的缝合。前门襟，挑取针目，在编织双罗纹针的同时，在右前门襟上编织扣眼。衣领，看着身片的正面挑取针目，参照图示在按编织花样C和双罗纹针编织的同时，做加针的引返编织。编织终点做双罗纹针收针。将衣袖与身片正面相对，使用钩针将衣袖引拔接合到身片上。

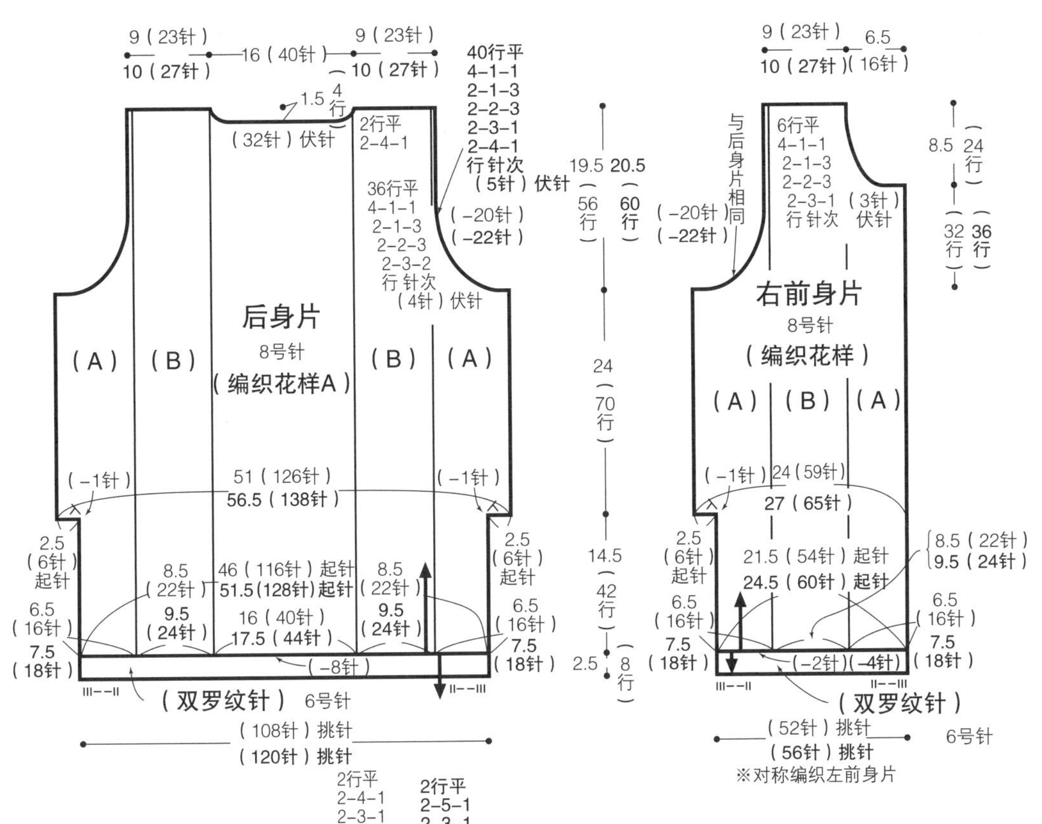

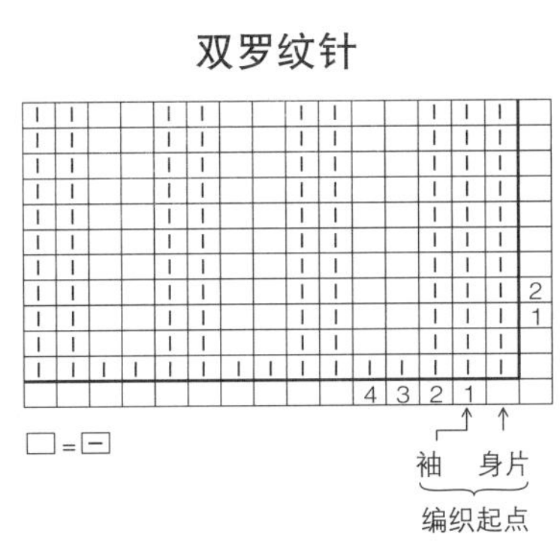

标示的数据是按照M号、L号的顺序。只有一个标示的地方，为两个尺寸通用。

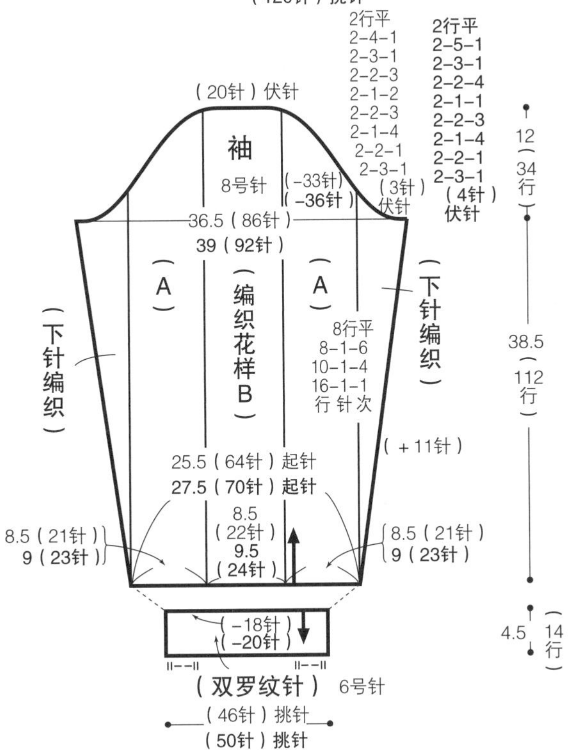

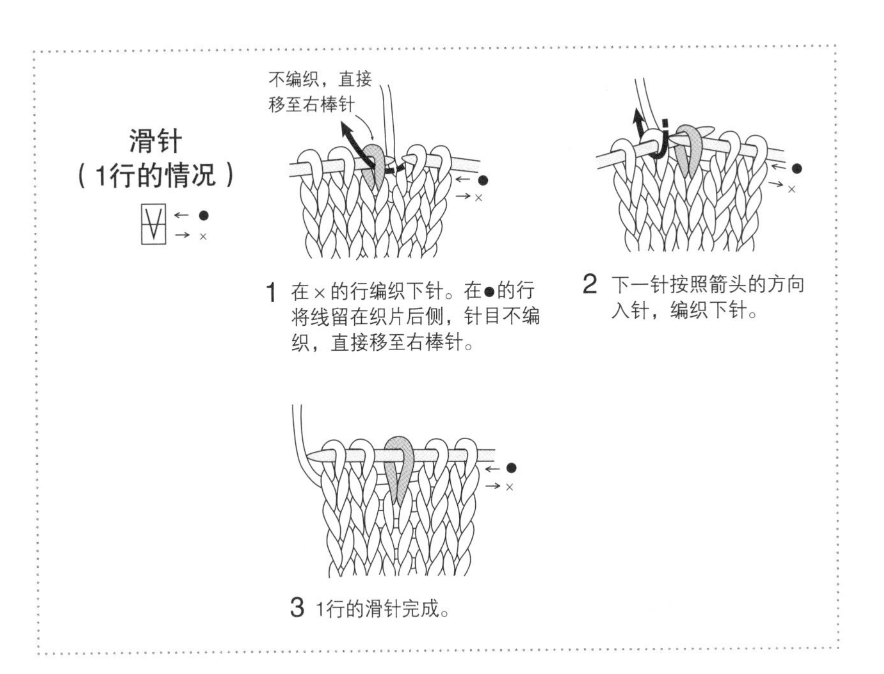

编织花样 M号

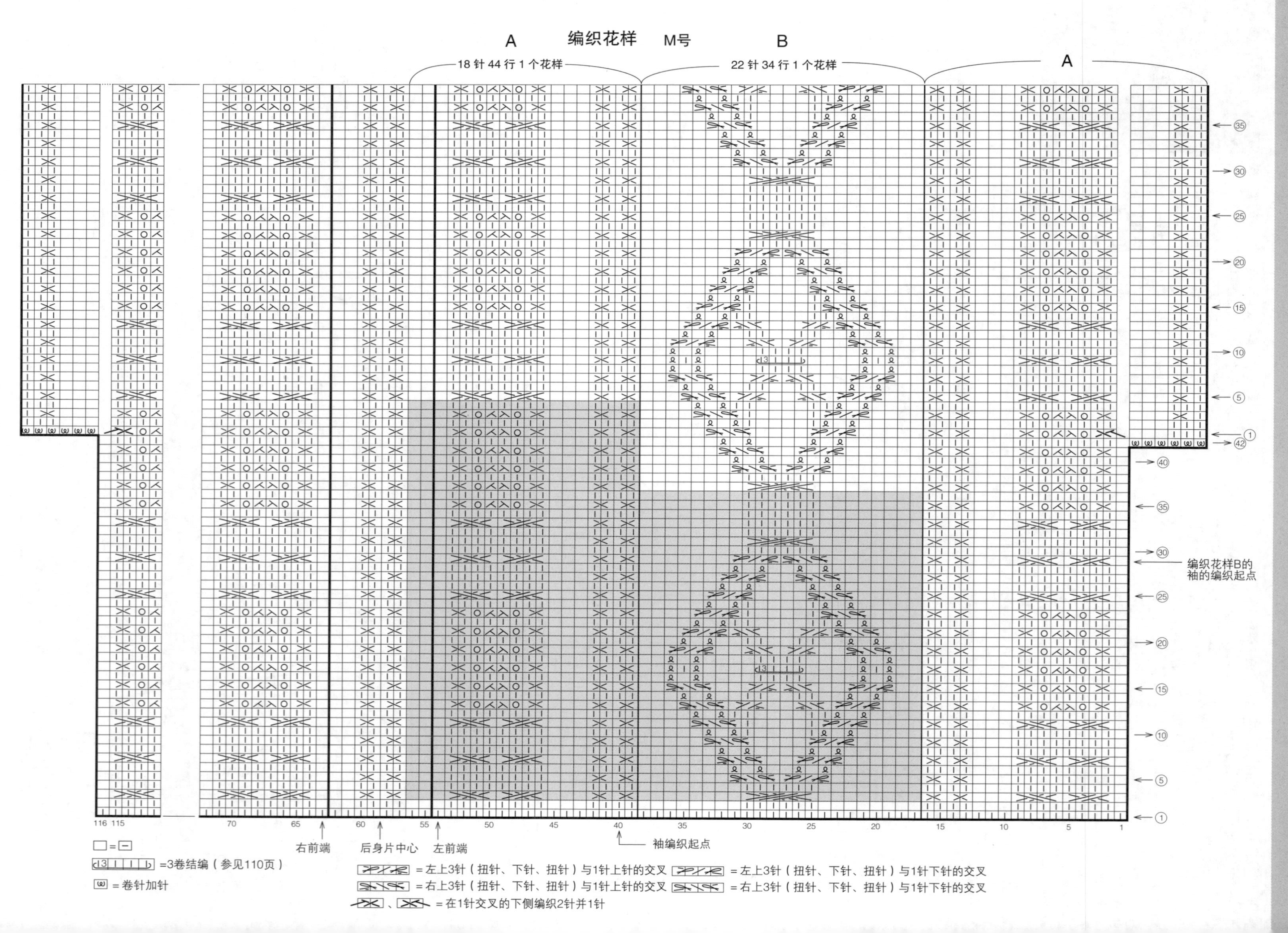

A
18针44行1个花样
B
22针34行1个花样
A
编织花样B的袖的编织起点
右前端
后身片中心
左前端
袖编织起点
□=⊟
=3卷结编（参见110页）
=卷针加针
=左上3针（扭针、下针、扭针）与1针上针的交叉
=左上3针（扭针、下针、扭针）与1针下针的交叉
=右上3针（扭针、下针、扭针）与1针上针的交叉
=右上3针（扭针、下针、扭针）与1针下针的交叉
、=在1针交叉的下侧编织2针并1针

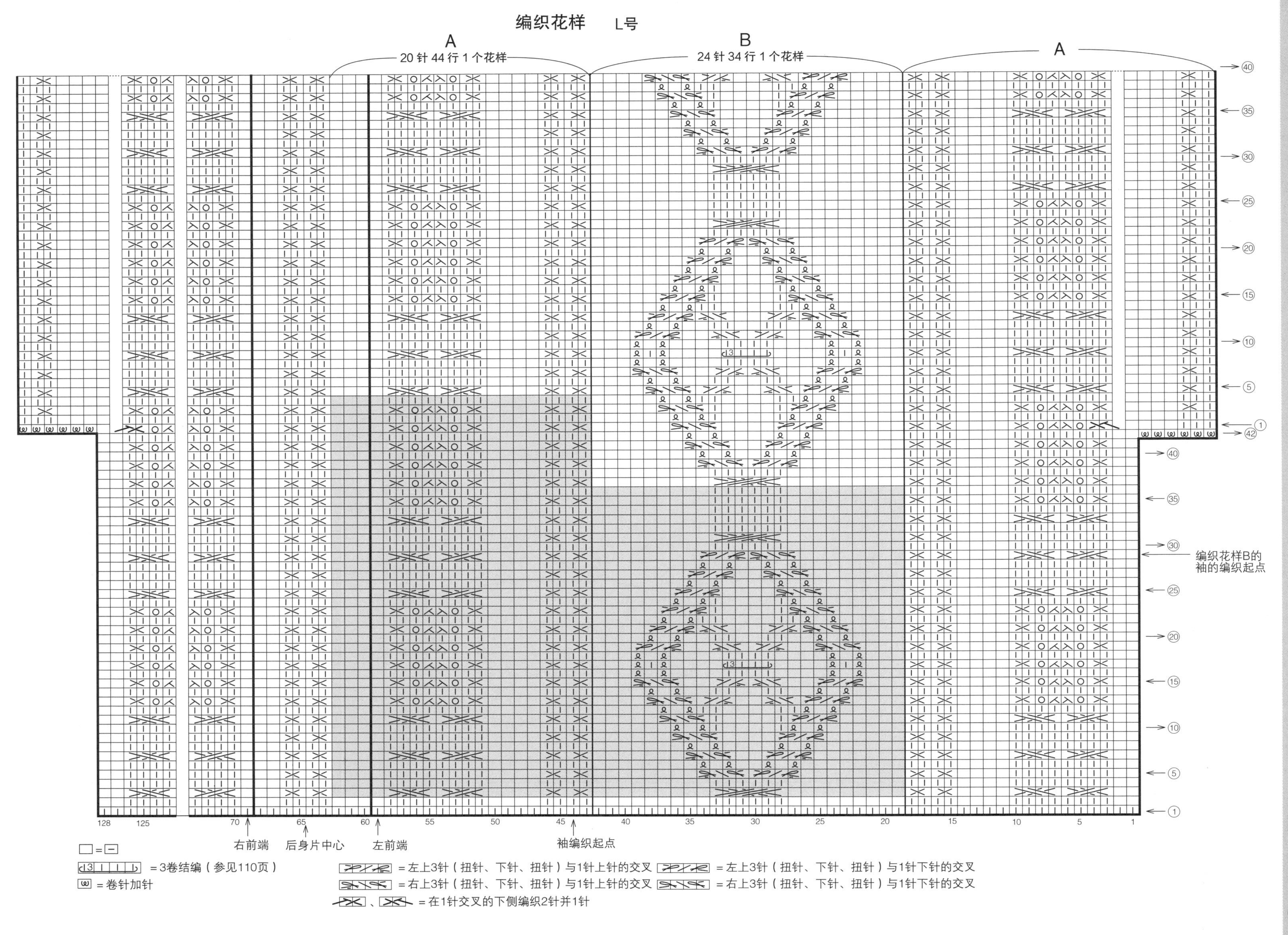

编织花样 L号
A
20针44行1个花样
B
24针34行1个花样
编织花样B的袖的编织起点
袖编织起点
左前端
后身片中心
右前端
=3卷结编（参见110页）
=卷针加针
=左上3针（扭针、下针、扭针）与1针上针的交叉
=右上3针（扭针、下针、扭针）与1针上针的交叉
=左上3针（扭针、下针、扭针）与1针下针的交叉
=右上3针（扭针、下针、扭针）与1针下针的交叉
=在1针交叉的下侧编织2针并1针

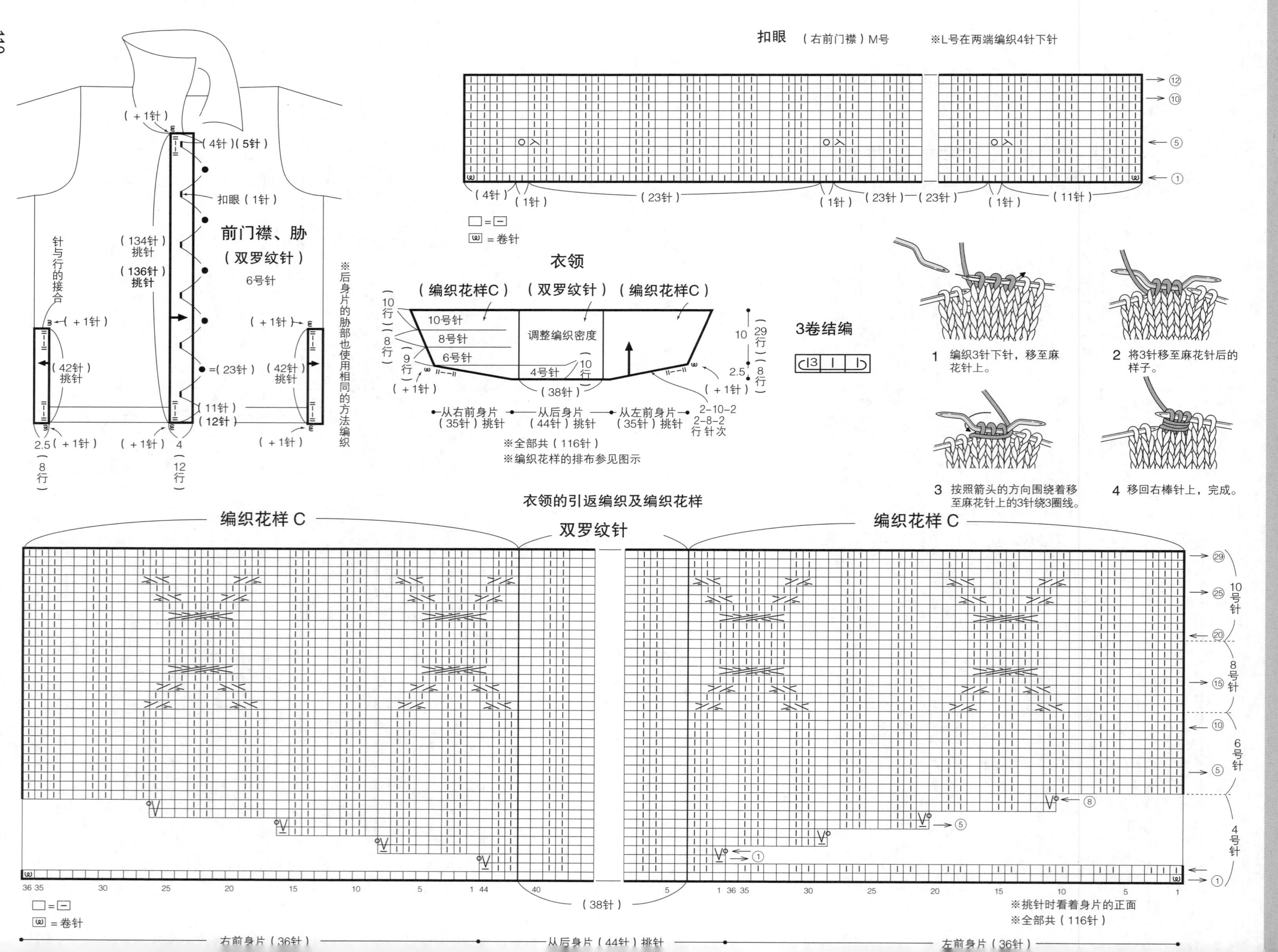

前门襟、胁
（双罗纹针）
6号针
（4针）（5针）
扣眼（1针）
（134针）挑针
（136针）挑针
●=（23针）
（42针）挑针
（11针）
（12针）
（+1针）
针与行的接合
2.5（8行）
4（12行）
※后身片的胁部也使用相同的方法编织
扣眼 （右前门襟）M号
※L号在两端编织4针下针
（4针）
（1针）
（23针）
（11针）
□=⊟
ᘓ=卷针
衣领
（编织花样C）
（双罗纹针）
（编织花样C）
10号针
8号针
6号针
4号针
调整编织密度
10（29行）
2.5（8行）
（10行）
（8行）
（9行）
（10行）
（38针）
（+1针）
2-10-2
2-8-2
行 针 次
从右前身片（35针）挑针
从后身片（44针）挑针
从左前身片（35针）挑针
※全部共（116针）
※编织花样的排布参见图示
3卷结编
1 编织3针下针，移至麻花针上。
2 将3针移至麻花针后的样子。
3 按照箭头的方向围绕着移至麻花针上的3针绕3圈线。
4 移回右棒针上，完成。
衣领的引返编织及编织花样
编织花样C
双罗纹针
10号针
8号针
6号针
4号针
（38针）
※挑针时看着身片的正面
※全部共（116针）
右前身片（36针）
从后身片（44针）挑针
左前身片（36针）

★接 79 页

假领
（编织花样B）

12行
10行
3行
3行
领台（短针）
45（45针）
分散减针
全部共（-25针）
70 锁针（70针）起针

组合方法

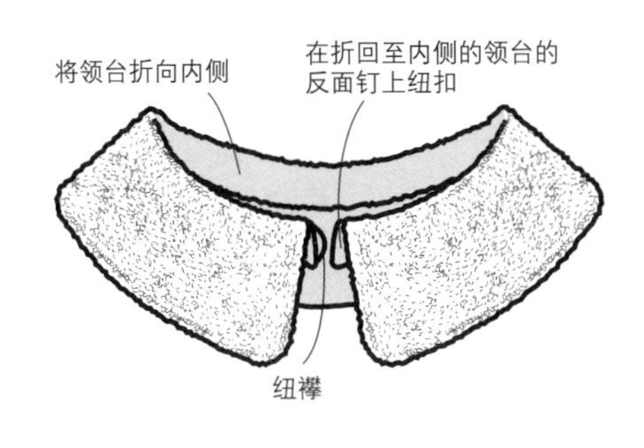

假领的分散减针

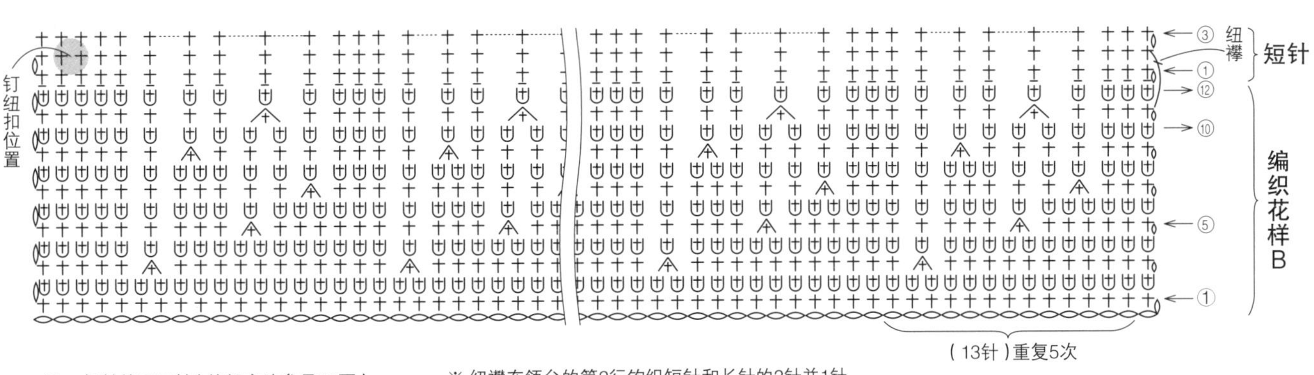

ⓤ = 短针的圆环针（编织方法参见80页）

※ 纽襻在领台的第2行钩织短针和长针的2针并1针（长针的下侧钩织在衣领第11行的短针的上针）

※ 短针的第1行挑取前一行的后侧1根线钩织

Photographers: HIRONORI HANDA, YUKI MORIMURA
Original Japanese edition published in Japan by NIHON VOGUE CO., LTD.,
Simplified Chinese translation rights arranged with BEIJING BAOKU
INTERNATIONAL CULTURAL DEVELOPMENT Co., Ltd.

备案号：豫著许可备字-2017-A-0252

图书在版编目（CIP）数据

世界编织.8，多彩手工编织/日本宝库社编著；冯莹译.—郑州：河南科学技术出版社，2018.3（2023.5重印）
ISBN 978-7-5349-9086-1

Ⅰ.①世… Ⅱ.①日… ②冯… Ⅲ.①毛衣-编织-图集 Ⅳ.①TS941.763-64

中国版本图书馆CIP数据核字（2017）第331847号

出版发行：河南科学技术出版社
地址：郑州市郑东新区祥盛街27号　邮编：450016
电话：(0371)65737028　65788613
网址：www.hnstp.cn
策划编辑：刘　欣
责任编辑：刘　欣
责任校对：王晓红
封面设计：张　伟
责任印制：张艳芳
印　　刷：北京盛通印刷股份有限公司
经　　销：全国新华书店
开　　本：635 mm × 965 mm　1/8　印张：14　字数：300千字
版　　次：2018年3月第1版　2023年5月第2次印刷
定　　价：59.00元

如发现印、装质量问题，影响阅读，请与出版社联系并调换。